织美堂最想编织系列

50余款作品

一学就会的经典宝宝毛衣

张 翠 主编

辽宁科学技术出版社

·沈阳·

主　编：张翠

编组成员：风之花　蓝云海　泇果是　欢乐梅　一片云　花狍子　张京运　莺飞草　陈梓敏　水中花　陈小春　陈红艳　冰珊瑚　刘金萍
　　　　　杨素娟　袁相荣　徐君君　黄燕莉　卢学英　赵悦霞　周艳凯　雅虎编织　南宫lisa　紫色白狐　宝贝飞翔　KFC猫　雪山飞狐
　　　　　张　霞　色彩传说旗舰店　爱心坊手工编织　夕阳西下

图书在版编目（CIP）数据

　　一学就会的经典宝宝毛衣/张翠主编. —沈阳：辽宁科学技术出
版社，2014.8
　　（最想编织系列）
　　ISBN 978‐7‐5381‐8603‐1

　　Ⅰ.①一… Ⅱ.①张… Ⅲ.①童服—毛衣—编织 — 图集
Ⅳ.①TS941.763.1‐64

　　中国版本图书馆CIP数据核字（2014）第090472号

出版发行：辽宁科学技术出版社
　　　　　（地址：沈阳市和平区十一纬路29号 邮编：110003）
印 刷 者：利丰雅高印刷（深圳）有限公司
经 销 者：各地新华书店
幅面尺寸：210mm×285mm
印　　张：7.5
字　　数：200千字
印　　数：1~5000
出版时间：2014年8月第1版
印刷时间：2014年8月第1次印刷
责任编辑：赵敏超
封面设计：幸琦琪
版式设计：幸琦琪
责任校对：李淑敏

书　　号：ISBN 978‐7‐5381‐8603‐1
定　　价：26.80元

联系电话：024‐23284367
邮购热线：024‐23284502
E‐mail：473074036@qq.com
http://www.lnkj.com.cn

目录 Contents

Part 1

一学就会的
经典宝宝毛衣

韩式篇

Korean sweaters

作品
001

creative
design

帅气背带毛衣

帅气的背带设计，黑、蓝以及玫红色的配色编织，让整件毛衣活力十足，这样的一件毛衣作为学生装是再合适不过了的。

制作方法　P065

典雅小开衫

此款小开衫可以分为两个部分，
一是上部分的简单上下针编织，
二是衣摆处镂空花样的编织，
搭配时尚的灰色，
也能让你的宝宝走在时尚的前沿。

♥ 制作方法　P066

作 品
002

dark pink
sweater

玫红色精致短袖装

此款短袖装的特色之处在于设计者匠心独运，将时
尚的蕾丝花边与毛衣结合在一起，复古的纽扣搭配
加上精致的花样编织，这样的一件短袖装你也值得
拥有。

制作方法 P067

个性喇叭袖毛衣

黑白配似乎是永远不会过时的色彩，此款毛衣的特别之处在于一身前后不规则的衣摆设计以及喇叭袖的袖窿设计，相信这样的一件毛衣也满足了不少小女孩的公主梦。

💔 制作方法　P068

作品
004

lovely
sweater

MSX
DREAM SHU XIN

minimalist sweater

作品
005

简约白色披肩

简单的上下针编织，经典的插肩袖设计，这样的一件披肩相信很多新手妈咪都想试试，披肩的纽扣设计也可以做成系带，相信别具一番风味。

蓝色两粒扣开衫

清新淡雅的天蓝色总能给人一种沁人心脾的视觉感受，木质纽扣的搭配更是增添了些许复古之风，搭配吊带或者简单的T恤都是不错的。

制作方法　P070

玫红色复古开衫

此款小开衫和尚领的设计最适合婴幼儿穿着，
漂亮的钩花花朵，
起到了完美的点缀效果。

作 品
007

制作方法 P071

baby's
sweater

黑色高领蝙蝠装

此款毛衣款式的设计很是独特，冬季搭配一件
打底的毛衣，外穿这样的一件蝙蝠短款也是一
种时尚的装扮。

❤ 制作方法 P072

作品
008

creative
design

墨绿色简约学生装

深深的墨绿色搭配黑色的蕾丝裙堪称完美，毛衣的袖窿和口袋采用球球毛线编织，看上去更加的温暖舒适。

💜 制作方法 P073

pretty coat
for girl

气质长袖开衫

此款毛衣不论是款式还是线材的选择，
都十分的大气，
穿着起来也是气质十足，
不仅适合女孩子，
男孩子穿着起来相信也是帅气十足。

♥ 制作方法　P074~075

小鸟！小鸟！我在这，
飞到这边陪我玩啊！

simple sweater
for girl

泡泡袖高领毛衣

高领毛衣似乎更适合在寒冷冬季里穿着,
此款毛衣采用了两种不同种类的线材编织,
在袖隆和衣摆处做了很好的设计处理,
使得泡泡袖更加的明显。

制作方法   P076

大翻领马甲

此款无袖马甲特色十足，
大翻领的设计看上去更像一个休闲的连帽设计，
春秋时节搭配一件简单的T恤也是十分不错的选择。

❤ 制作方法　P077

作品
012

personality
coat

玫红色公主套装

简单的背心款式，
搭配一件迷你小短裙，
这样的一套公主装，
相信很多小宝贝都会爱上的呢。

♥ 制作方法 P078

作品
013

大红长袖毛衣

作品
014

这样一件喜庆的毛衣，相信每个人都想拥有一件，简单的款式设计，搭配经典的扭"8"花样的编织，堪称完美之作。

💗 制作方法 P079~080

快看！快看！
好大的飞机飞过啊！

经典短装毛衣

此款毛衣是短装毛衣的代表之作，
短小精悍的款式搭配长袖，
精致的麻花花样给整件毛衣增添了不少的时尚色彩。

作品
015

classic short
sweater

红色背带裙

简单的背带款式设计，
值得注意的是裙腰部褶皱的编织，
这样的一款背带裙非常适合夏季时穿着。

♥ 制作方法　P082

灰色洋气套装

此款套装编织方法十分的简单，
都是采用的最基础的上下针编织。
毛衣的设计独特之处在于衣服的分片编织，很是新颖。

💗 制作方法 P083~084

Part 2

一学就会的
经典宝宝毛衣

实用 篇
Practical sweaters

米白色帅气套头装

此款男孩毛衣在领口和袖隆处做了特别的创意设计，
很是新颖，搭配一件露领衬衣，穿着起来也是十分的
帅气。

❤制作方法 P085

作品
019

清凉长袖装

此款毛衣不管是从线材的选择上还是花样的
编织方面，都非常适合宝宝夏季的穿着。

♥制作方法　P086~087

假两件长袖装

此款套头毛衣的独特之处在于领子的设计，
双层领口的编织给人一种假两件的错觉，
相信当作打底衫穿着也会更加的保暖。

💗 制作方法　P088

作 品
020

作 品
021

修身高领毛衣

高领的设计起到了更好的保暖效果，
这样的一件毛衣不仅可以外穿，
作为冬季的打底衫也是很不错的选择。

♥ 制作方法　P089

红色小开衫

鲜亮的大红色带给人无限的活力，
这样的一件小开衫毛衣，
搭配紧身牛仔裤或者半截裙都是非常明智的选择。

💗制作方法　P090

作品
022

简约高领长袖装

高领的设计加上衣身简单的线形花样编织，
使得整件毛衣既简单又得体，
这样的一件毛衣作为打底毛衣是再合适不过了的。

💗 制作方法　P091

作品
024

精致套头毛衣

此款毛衣不论是款式还是从线材的选择来看，都是一件经典的大牌之作，小朋友穿着起来也是别具一番风味。

♥ 制作方法 P092～093

exqnisite pullover

作品
025

灰色小背心

简单的背心款式，
搭配一件时尚的衬衣和简单的牛仔裤，
相信会让小朋友更加的帅气。

💗 制作方法 P094

女孩儿高领毛衣

作品 026

高领的设计搭配扭"8"花样的编织，
浅蓝色的线材选择，
给人一种清新的视觉感受。

💗 制作方法 P095

minimalist
design sweater

橘黄色套头装

明亮的橘黄色，带给人无限的活力，这样的一件套头
毛衣搭配一件休闲的牛仔裤也是很不错的选择。

♥ 制作方法　P096

心形套头毛衣

整件毛衣最惹眼的地方要数衣身片心形花
样的叠加编织了，加上高领的设计，这样
一件修身的毛衣也很适合作冬季的打底毛
衣了。

♥ 制作方法 P097

作品
028

作品
029

pink retro
sweater

粉色复古毛衣

毛衣全部采用暗粉色的线材编织，加上领
周围的小花朵的点缀，无形中形成了一股
复古风。

💗 制作方法　P098

personality

coat

作品
030

墨绿色高领毛衣

此款毛衣款式很简单，在衣摆处的麻花花
样的编织给衣服增加了些许时尚的气息，
这样的一件毛衣也很适合作为打底毛衣。

♥ 制作方法 P099~100

pattern
sweater

作品
031

灰色精致小开衫

此款毛衣不论是从线材的选择还是款式的
设计上都可谓是经典之作。建议搭配短裤
或者牛仔裤会更显时尚气质。

♥ 制作方法　P101

秀气长袖装

此款毛衣的特色在于横织的领圈，
只要参考详细的图解说明，
相信很多新手妈咪们也能很好的驾驭这
款作品的哦。

♥ 制作方法　P102~103

作品
032

蓝色短袖装

淡淡的浅蓝色，
符合了小清新的颜色特征，
这样的一款短袖装搭配一件小纱裙相信又
是一番景致了。

❤ 制作方法 P104

one beautiful
coat

作品
033

Part 3

一学就会的
经典宝宝毛衣

图案篇
Pattern sweaters

love cat sweater

作 品
034

可爱猫咪毛衣

此款毛衣最惹人注目的要数衣身编织的这只可爱的猫咪图案了，会让小朋友显得更加的活力四射。

制作方法 P105

作 品
035

红白配色毛衣

大红色与纯白色的配色编织让整件毛衣在
颜色上泾渭分明，腰围处系带的设计更是
起到了很好的收缩效果。

♥ 制作方法　P106

老虎图案毛衣

调皮的老虎总能带给大家很多的欢乐，
这样的一件老虎图案毛衣相信很多妈妈都想为自己快
乐的宝贝织一件。

💗 制作方法 P107

制作方法 P107

作品
036

small tiger
sweater

作 品
037

公鸡图案毛衣

此款毛衣以黑色为主，
搭配了红色、黄色以及蓝色，
在颜色上缓解了人的视觉疲劳。
公鸡图案的编织更是让人眼前一亮。

♥ 制作方法　P108

♥ 制作方法 P109

雪花图案毛衣 作品 038

此款毛衣以黑色为主，搭配编织了纯白的雪花图案，
给人一种晶莹剔透的感觉。搭配一件休闲牛仔裤或者
小短裤也是很不错的选择。

简单V领毛衣

此款毛衣领口采用了简单的V领，
搭配一件帅气的衬衣，
相信会给人一种别样的视觉感受。

💜 制作方法　P110

作 品
039

creative
design

制作方法　P111

宝蓝色长袖装

此款毛衣以宝蓝色为主，
衣身前后面分别为黄白配色编织的动物图案，
显得十分的抢眼。
这样的一款毛衣搭配休闲牛仔裤也是很不错的选择。

*creative
design*

个性套头毛衣

此款毛衣编织方法十分的简单，但作者在款式上别具匠心，肩部做了耳朵的设计，衣身以灰色和咖啡色来区别，编织出了人物的头像，可谓独特。

💜 制作方法　P112

作品
042

制作方法 P113~114

帅气领带毛衣

此款毛衣最惹眼的地方要数衣身红色领带的编织了，
小朋友穿起来也是帅气十足，搭配一件休闲的牛仔裤
也是很不错的选择。

handsome tie sweater

鳄鱼图案毛衣

此款毛衣以黑色为主，鳄鱼图案的编织采用了墨绿色
的线材，看起来更加的清晰，参照详细的图解说明，
这样的鳄鱼图案相信对于你来说也是游刃有余。

作品
043

制作方法 P115

黑白条纹毛衣

此款毛衣采用黑色与白色的配色条纹编织，聚时尚与活力为一体，此款毛衣不论是男孩子穿还是女孩子穿相信都是可取的。

作品
044

♥ 制作方法 P116

creative
design

pretty coat
for girls

卡哇伊精致毛衣

拥有一个芭比娃娃相信是很多小女孩的梦想，
这样的一件毛衣就好比芭比娃娃的外衣，
小巧可爱，卡哇伊风范十足。

💗 制作方法　P117

小熊图案毛衣

简单的开衫款式，搭配上下对应的小熊图案，简单中
透露些许的不平凡，这样的一件毛衣作为春秋时节的
外套再合适不过了。

♥制作方法 P118

简单套头毛衣

此款毛衣款式十分的简单，
编织方法也是最基础的上下针，
参照详细的图解，相信读者能够顺利地完成衣身图案
的编织。

💗 制作方法 P119

作品
047

handsome
boy coat

作品
048

人物图案毛衣

此款毛衣图案编织的是两个正在欢乐玩耍的儿童，象
征着小朋友的天真无邪，活力无限，条纹的配色编织
更是给衣服增加了不少新意。

♥制作方法　P120

帅气背带毛衣

【成品规格】 衣长30cm，下摆宽32cm，肩宽24cm，袖长30cm

【工　　具】 10号棒针，缝衣针

【编织密度】 20针×28行=10cm²

【材　　料】 蓝色羊毛线400g，黑色、玫红色线少许，纽扣2枚

编织要点:

1. 毛衣用棒针编织，由1片前片、1片后片、2片袖片组成，从下往上编织。

2. 先编织前片。(1) 用玫红色线，下针起针法起64针，编织8行双罗纹后，改织全下针，并配色，侧缝不用加减针，织36行至袖隆。(2) 袖隆以上的编织。两边袖隆平收4针后减针，方法是每2行减1针减4次，各减4针，不加不减织32至肩部。(3) 同时织至袖隆算起22行时，开始开领窝，中间平收14针，然后两边减针，方法

是每2行减1针减9次，各减9针，至肩部余8针。

3. 编织后片。(1) 用玫红色线，下针起针法起64针，编织8行双罗纹后，改织全下针，并配色，侧缝不用加减针，织36行至袖隆。(2)袖隆以上的编织。两边袖隆平收4针后减针，方法是每2行减1针减4次，各减4针，不加不减织32至肩部。(3) 同时织至从袖隆算起36行时，开始开领窝，中间平收28针，然后两边减针，方法是每2行减1针减2次，至肩部余8针。

4. 袖片编织。用玫红色线，下针起针法，起36针，织8行双罗纹后，改用黑色线织全下针，袖下加针，方法是每4行加1针加10次，织至56行时，两边平收4针，开始袖山减针，方法是每2行减2针减4次，每2行减1针减6次，至顶部余20针。

5. 缝合。将前片的侧缝与后片的侧缝对应缝合。前片的肩部与后片的肩部缝合，两边袖片的袖下缝合后，分别与衣片的袖边缝合。

6. 领片编织。领圈边挑88针，圈织8行双罗纹，形成圆领。

7. 两条装饰吊带另织，起6针，织96行单罗纹，按彩图交叉缝合于前后片配色的位置，并缝上纽扣，毛衣编织完成。

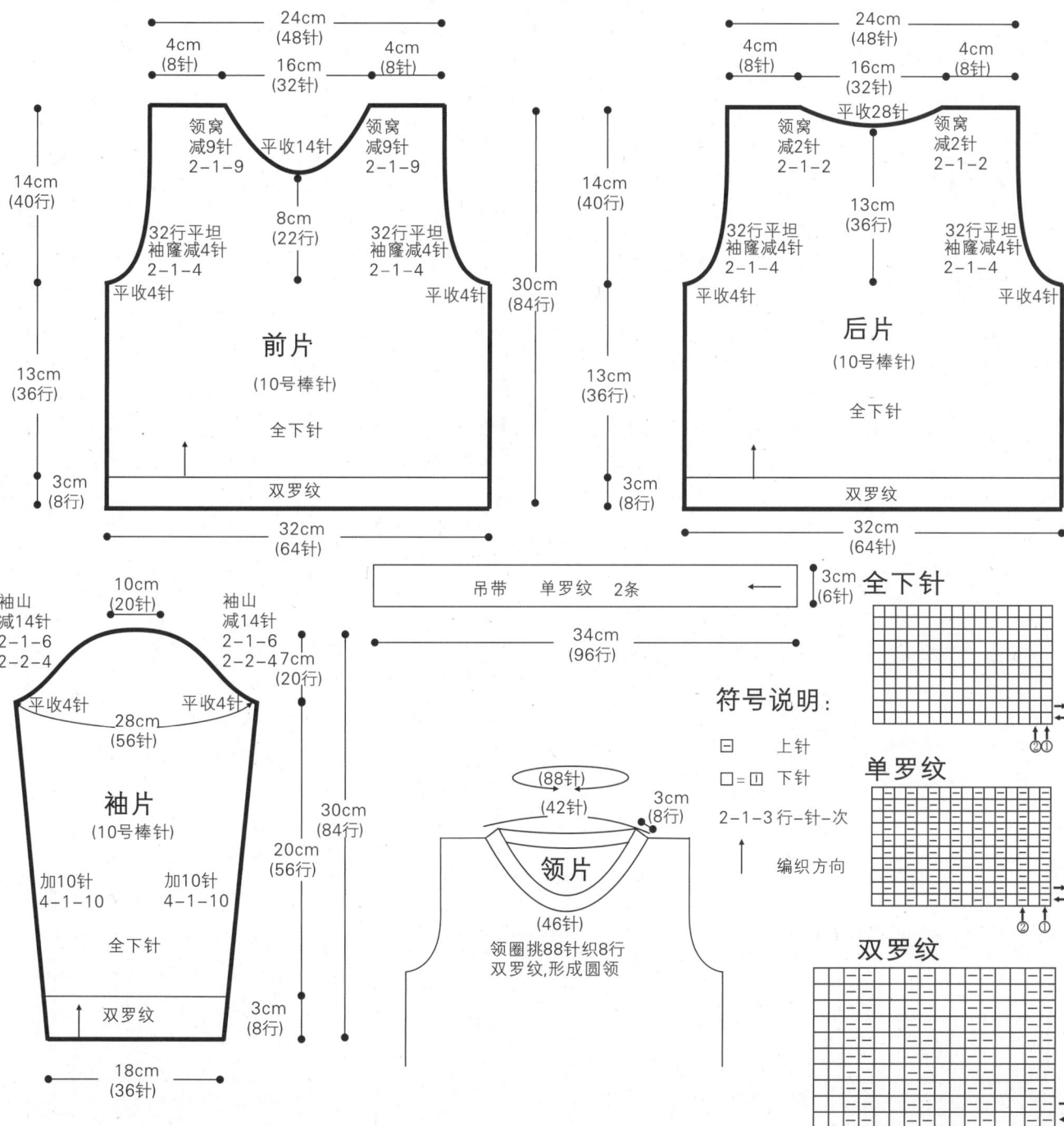

前片 (10号棒针)
24cm (48针)
4cm (8针)　16cm (32针)　4cm (8针)
领窝 减9针 2-1-9　平收14针　领窝 减9针 2-1-9
8cm (22行)
14cm (40行)
32行平坦 袖隆减4针 2-1-4
平收4针　平收4针
全下针
13cm (36行)
30cm (84行)
3cm (8行)　双罗纹
32cm (64针)

后片 (10号棒针)
24cm (48针)
4cm (8针)　16cm (32针)　4cm (8针)
平收28针
领窝 减2针 2-1-2　领窝 减2针 2-1-2
13cm (36行)
14cm (40行)
32行平坦 袖隆减4针 2-1-4
平收4针　平收4针
全下针
13cm (36行)
30cm (84行)
3cm (8行)　双罗纹
32cm (64针)

袖片 (10号棒针)
袖山 减14针 2-1-6 2-2-4
10cm (20针)
袖山 减14针 2-1-6 2-2-4
7cm (20行)
平收4针　28cm (56针)　平收4针
加10针 4-1-10　加10针 4-1-10
全下针
30cm (84行)
20cm (56行)
3cm (8行)　双罗纹
18cm (36针)

吊带　单罗纹　2条　←
3cm (6针)
34cm (96行)

领片 (46针)
(88针)
(42针)
3cm (8行)
领圈挑88针织8行双罗纹,形成圆领

符号说明:

□　上针
□=☐ 下针
2-1-3 行-针-次
↑ 编织方向

全下针

→②
→①
②①

单罗纹

→②
→①
②①

双罗纹

→②
→①
③①

典雅小开衫

【成品规格】 衣长32cm，下摆宽32cm，袖长30cm

【工　　具】 10号棒针，缝衣针

【编织密度】 38针×46行=10cm²

【材　　料】 灰色羊毛线400g，纽扣2枚

编织要点：

1. 毛衣用棒针编织，由2片前片、1片后片、2片袖片组成，从下往上编织。

2. 先编织前片。分右前片和左前片编织。(1) 右前片，用下针起针法起60针，织28行花样A后，改织全下针，侧缝减针，方法是每10行减1针减4次，织46行至袖隆。(2) 袖隆以上的编织。右侧袖隆平收4针后，减针，方法是每织2行减2针减3次，共减6针，不加不减织70行至肩部。(3) 从袖隆算起至46行时，开始开领窝，门襟平收10针，然后领窝减针，方法是每2行减1针减12次，平

织4行至肩部余20针。(4) 相同的方法，相反的方向编织左前片，并均匀地开扣眼。

3. 编织后片。(1) 用下针起针法，起120针，织28行花样A后，改织全下针，两边侧缝减针，方法是每10行减1针减4次，织46行至袖隆。(2) 袖隆以上编织。袖隆开始减针，方法与前片袖隆一样，不加不减织70行至肩部。(3) 同时织至袖隆算起70行时，进行领窝减针，中间平收38针后，两边减针，方法是每2行减1针减3次，至肩部余20针。

4. 编织袖片。从袖口织起，用下针起针法，起52针，先织28行花样A后，改织全下针，两边袖侧缝各加16针，方法是每4行加1针加16次，编织70行至袖隆。开始两边平收4针后进行袖山减针，方法是两边分别每2行减3针减3次，每2行减2针减3次，每2行减1针减13次，编织完40行后余20针，收针断线。同样方法编织另一袖片。

5. 缝合。将前片的侧缝与后片的侧缝对应缝合，前后片的肩部对应缝合。两袖片的袖下缝合后，袖山边线与衣身的袖隆边对应缝合。

6. 领子编织。领圈边挑102针，织14行花样A，形成开襟圆领。

7. 用缝衣针缝上纽扣，衣服编织完成。

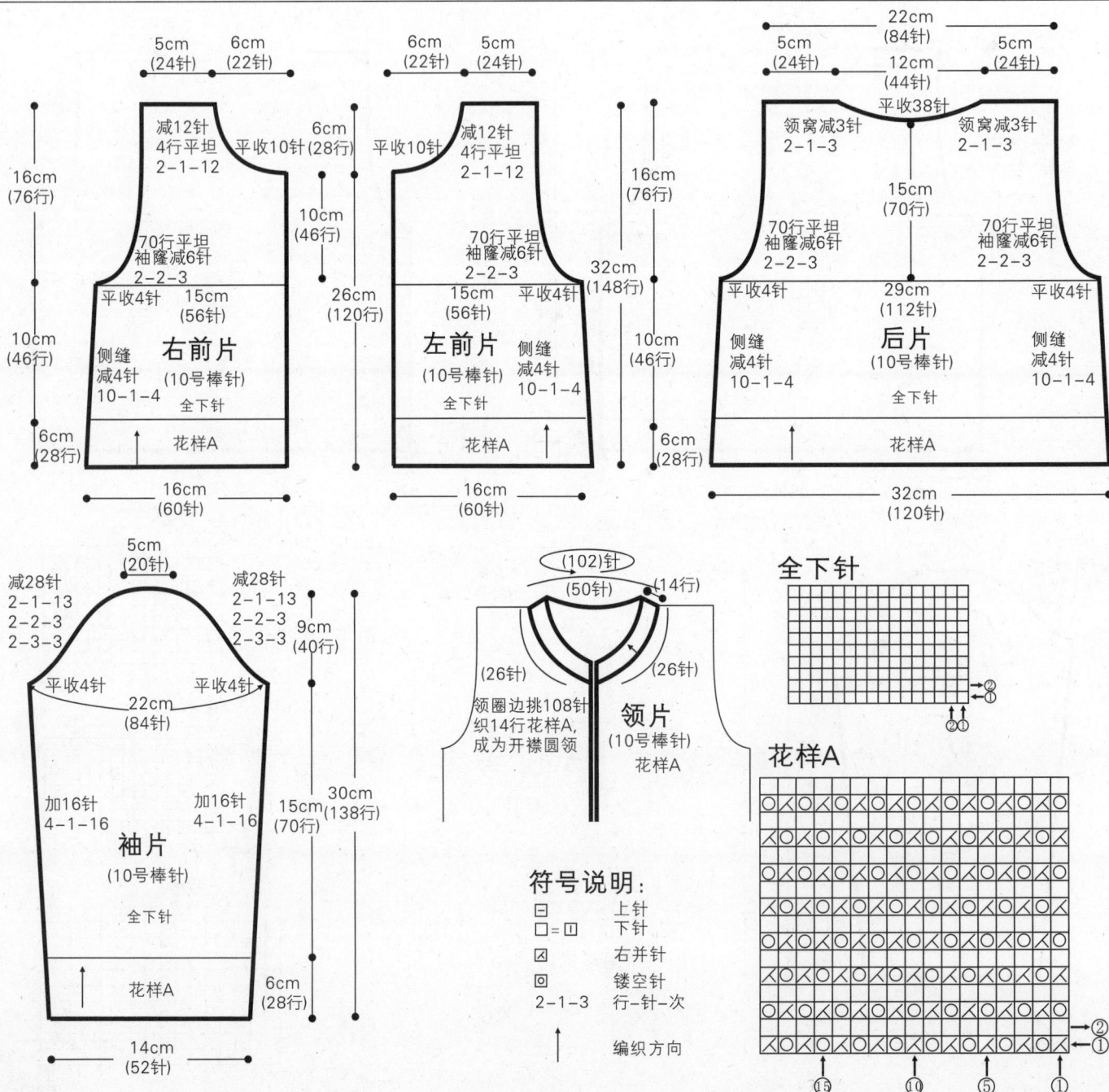

右前片

5cm(24针) 6cm(22针)

减12针 4行平坦 2-1-12 平收10针(28行)

6cm

16cm(76行)

70行平坦 袖隆减6针 2-2-3

10cm(46行)

平收4针 15cm(56针)

右前片（10号棒针） 全下针

侧缝减4针 10-1-4

6cm(28行)

16cm(60针)

花样A

左前片

6cm(22针) 5cm(24针)

平收10针 减12针 4行平坦 2-1-12

70行平坦 袖隆减6针 2-2-3

15cm(56针) 平收4针

左前片（10号棒针）

侧缝减4针 10-1-4

花样A

6cm 10cm(46行) 26cm(120行) 32cm(148行) 16cm(76行) 10cm(46行) 6cm(28行)

后片

22cm(84针)

5cm(24针) 12cm(44针) 5cm(24针)

平收38

领窝减3针 2-1-3　　领窝减3针 2-1-3

15cm(70行)

70行平坦 袖隆减6针 2-2-3

平收4针 29cm(112针) 平收4针

侧缝减4针 10-1-4　　**后片**（10号棒针）　　侧缝减4针 10-1-4

花样A

32cm(120针)

袖片

5cm(20针)

减28针 2-1-13 2-2-3 2-3-3　　减28针 2-1-13 2-2-3 2-3-3

9cm(40行)

平收4针　　平收4针

22cm(84针)

加16针 4-1-16　　加16针 4-1-16

15cm(70行) 30cm(138行)

袖片（10号棒针）

全下针

花样A

6cm(28行)

14cm(52针)

领片

(102)针
(50针)
(14行)
(26针)　　(26针)

领圈边挑108针 织14行花样A，成为开襟圆领

领片（10号棒针） 花样A

符号说明：

□　上针
□＝□　下针
⊠　右并针
▣　镂空针
2-1-3　行-针-次

↑　编织方向

全下针

↓②
↑①
②①

花样A

↑②
↑①

⑮　⑩　⑤　①

玫红色精致短袖装

【成品规格】	衣长36cm，胸围44cm，肩宽18cm，袖长8cm，衣摆宽36cm
【工　具】	0号、1号棒针
【编织密度】	下针：28针×40行=10cm² 花样B：30针×42行=10cm²
【材　料】	粉红色毛线450g，蕾丝1m，纽扣2枚

编织要点：

1.前片。用0号棒针起100针织花样A3cm，织下针，织

到15cm处收针，换1号棒针起66针，织6cm花样B，开挂，袖窿、领子收针参照图解。
2.后片。织法与前片同，按后片图解收领子。
3.袖片。用1号棒针起48针织花样B8cm，两边收针参照图解。
4.前后上下衣片、袖片缝合后，用0号棒针挑领边织花样C。（前后片上下两片缝合时中间夹一层蕾丝花边，上片缝在外层）
5.整理熨烫。

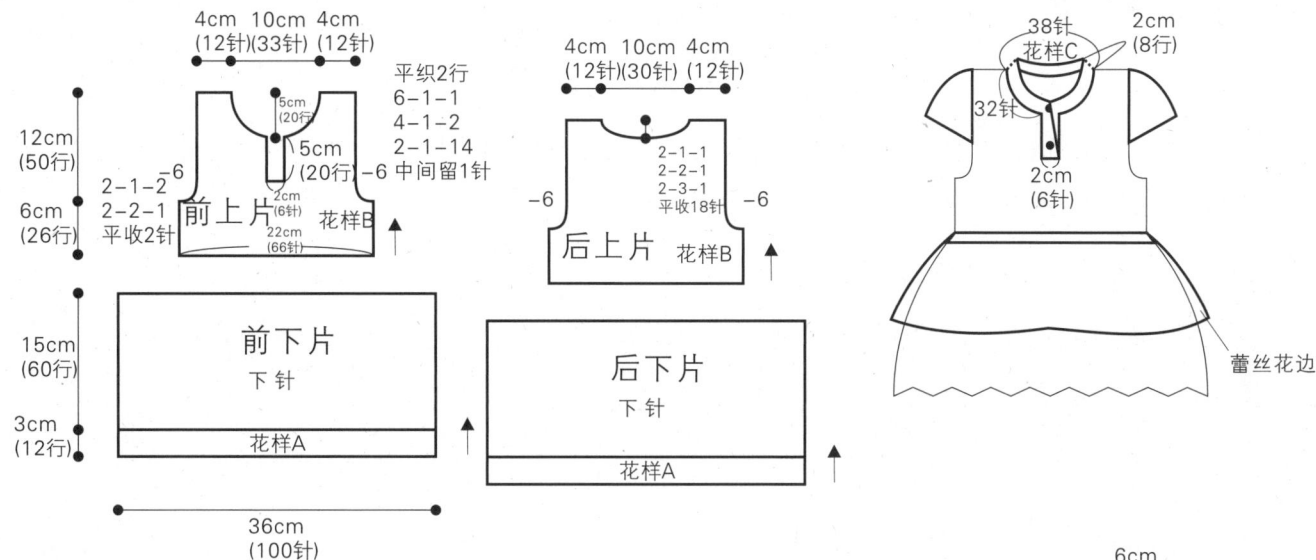

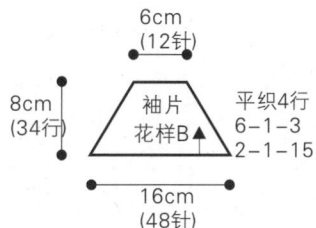

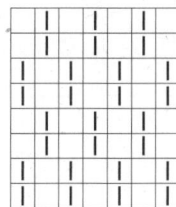

花样B

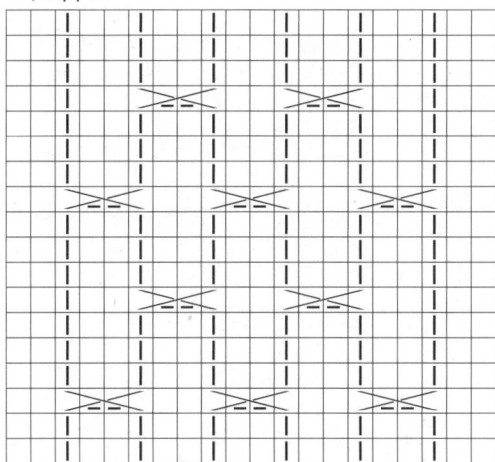

符号说明：

	下针
□	上针
O	空针
人　入	2针并1针

2针下针相交中间2上针不变

花样C

花样A

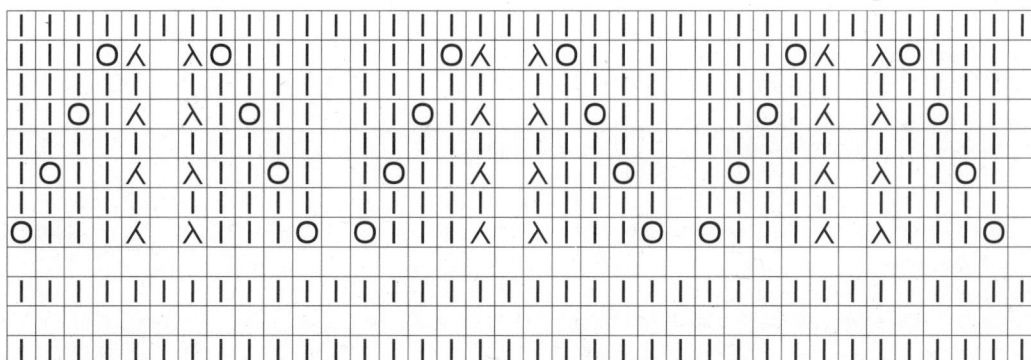

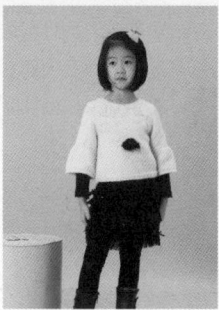

个性喇叭袖毛衣

【成品规格】 前衣长38cm，后衣长46cm，
胸围60cm，袖长30cm

【工 具】 3号、5号棒针

【编织密度】 18针×24行=10cm²

【材 料】 白色毛线600g

5号棒针织下针，织到23cm后开斜肩，开斜肩和收前领参照
图解。
2.后片。用3号棒针54针，从下往上织双罗纹2cm，换5号棒
针按引返编织图解编织14行后与前片一样编织，领按后片图
解编织。
3.袖片。用3号棒针50针，织下针10cm，把50针分散收为
40针，两边放针，织到3cm后收袖山，袖山收针按图解。
4.前后片、袖片缝合，按图解领口挑织。
5.清洗整理。

编织要点：

1.前片。用3号棒针54针，从下往上织双罗纹2cm，换

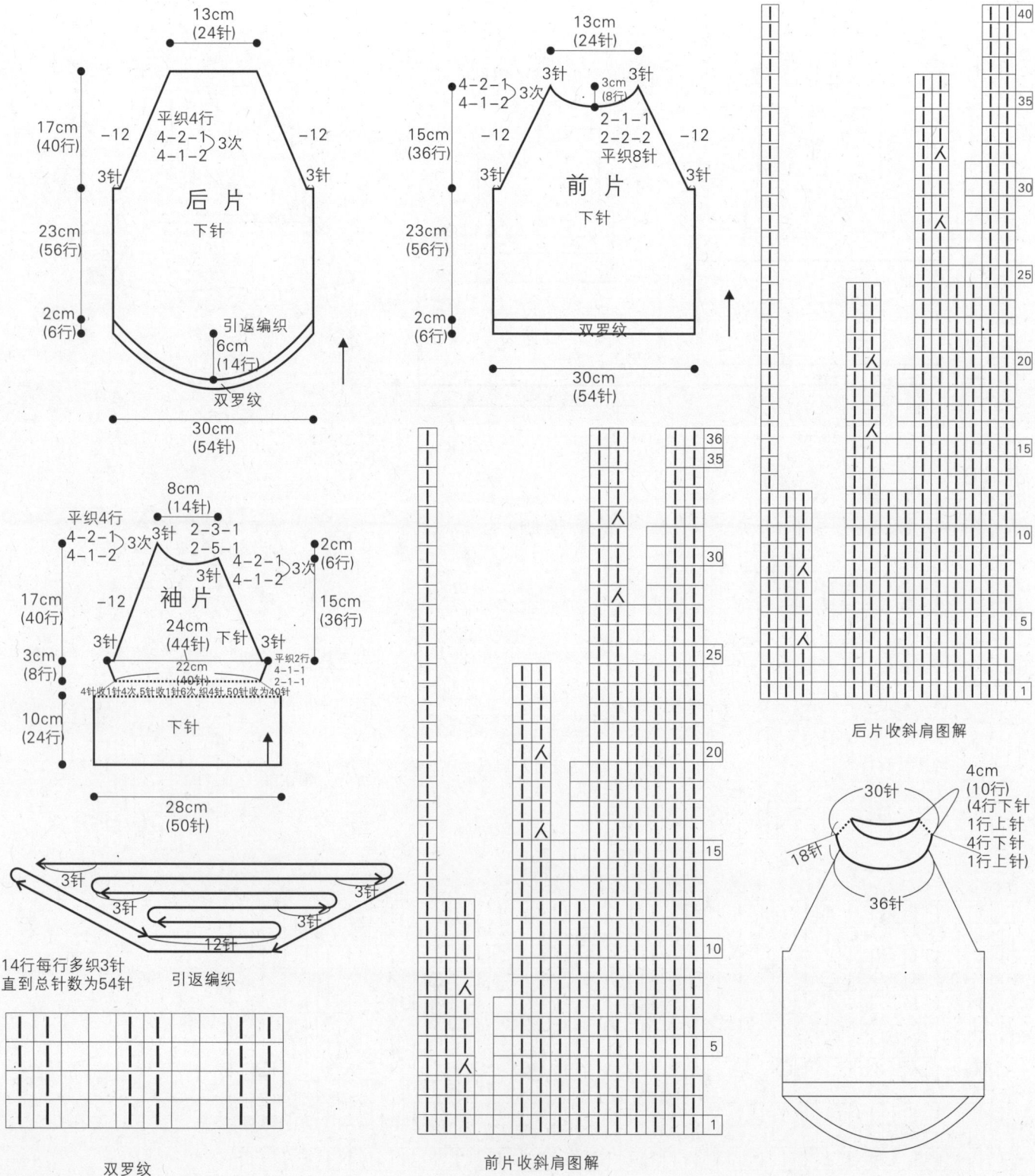

后 片 下针

13cm (24针)
17cm (40行)
平织4行
4-2-1 3次
4-1-2
-12   -12
3针   3针
23cm (56行)
2cm (6行)
引返编织
6cm (14行)
双罗纹
30cm (54针)

前 片 下针

13cm (24针)
3针 3cm(8行) 3针
4-2-1 3次 3针
4-1-2
15cm (36行)
2-1-1
2-2-2
平织8行
-12   -12
3针   3针
23cm (56行)
2cm (6行)
双罗纹
30cm (54针)

袖 片 下针

8cm (14针)
平织4行
4-2-1 3次
4-1-2
3针 2-3-1
2-5-1 3针
4-2-1 3次
4-1-2
2cm (6行)
17cm (40行)
-12
3针
24cm (44针)
15cm (36行)
3cm (8行)
3针 22cm(40针) 3针
平织2行
4-1-1
2-1-1
4针收1针4次，5针收1针6次，织4针，50针收为40针
10cm (24行)
下针
28cm (50针)

引返编织
3针 3针
3针
3针
12针
14行每行多织3针
直到总针数为54针

双罗纹

后片收斜肩图解

前片收斜肩图解

4cm (10行)
(4行下针
1行上针
4行下针
1行上针)
30针
18针
36针

简约白色披肩

【成品规格】	衣长26cm，下摆宽36cm，连肩袖长26cm
【工 具】	10号棒针，缝衣针，钩针
【编织密度】	20针×28行=10cm²
【材 料】	白色羊毛线400g，黑色线少许，纽扣5枚

编织要点:

1. 毛衣用棒针编织，由一片式从上往下编织。

2. 先从领口起织。(1)用下针起针法，起76针，编织全下针，即分前后片和两片袖片，每分片留9针径编织花样A，并在花样A的两边每织2行各加1针，加28次，织72行针数为264针，两边袖片收针。(2)前片织完72行时，在径的旁边减6针，方法是每2行减2针减3次，余30针即收针。(3)后片同样织完72行时，在两边径的旁边减6针，方法与前片一样，余60针即收针。

3. 领圈挑72针，织22行花样B，形成翻领。

4. 在领边、门襟边、下摆边、袖口边一起用钩针钩织花边。

5. 用缝衣针缝上纽扣。毛衣编织完成。

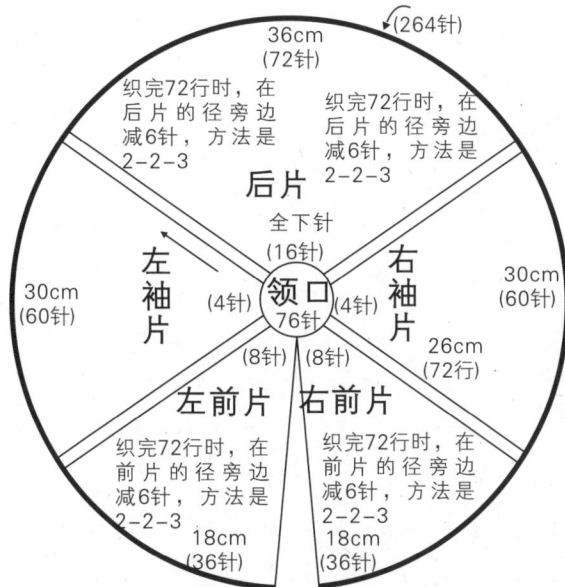

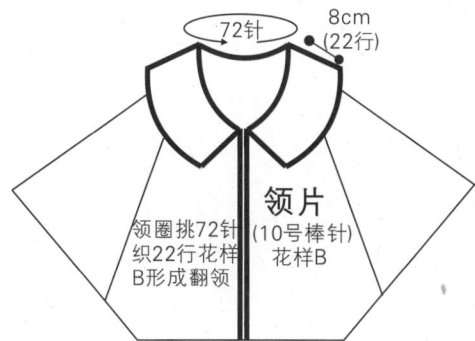

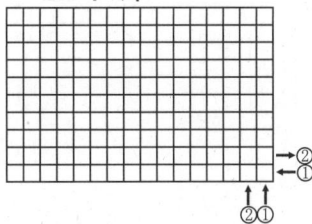

起76针即分前后片和两边袖片，每分片留9针径织花样A，并每织2行每径两边各加1针，加28次至针数为264针

全下针

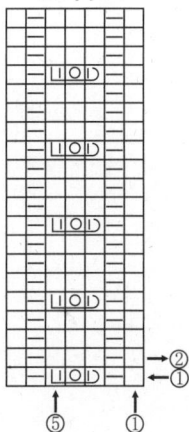

符号说明:

□	上针
□=回	下针
⊔⊙⊐	穿左2针交叉
+	短针
┬	长针
∞	锁针
2-1-3	行-针-次
↑	编织方向

花样A   ### 花样B

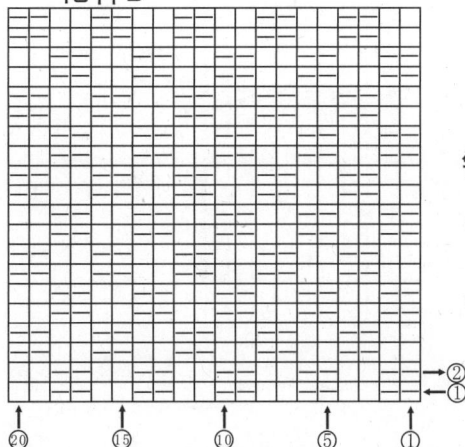

钩针花边

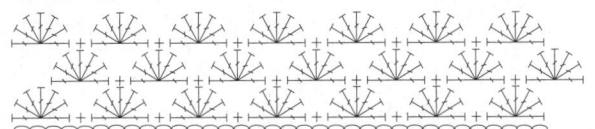

蓝色两粒扣开衫

【成品规格】	衣长40cm，胸围72cm，袖长40cm
【工 具】	1号棒针
【编织密度】	24针×36行=10cm²
【材 料】	天蓝色毛线550g，纽扣2枚

编织要点:

1.用1号棒针起106针，片织，先不收不放织花样B10行(领高)，按图解分前后衣片、左右袖片，在4处放针，织9cm花样A后织花样B。

2.斜肩17cm织完后，衣袖先不织，前后衣片连起来编织，织21cm后织2cm花样B。

3.挑起袖子编织，收针按图解。

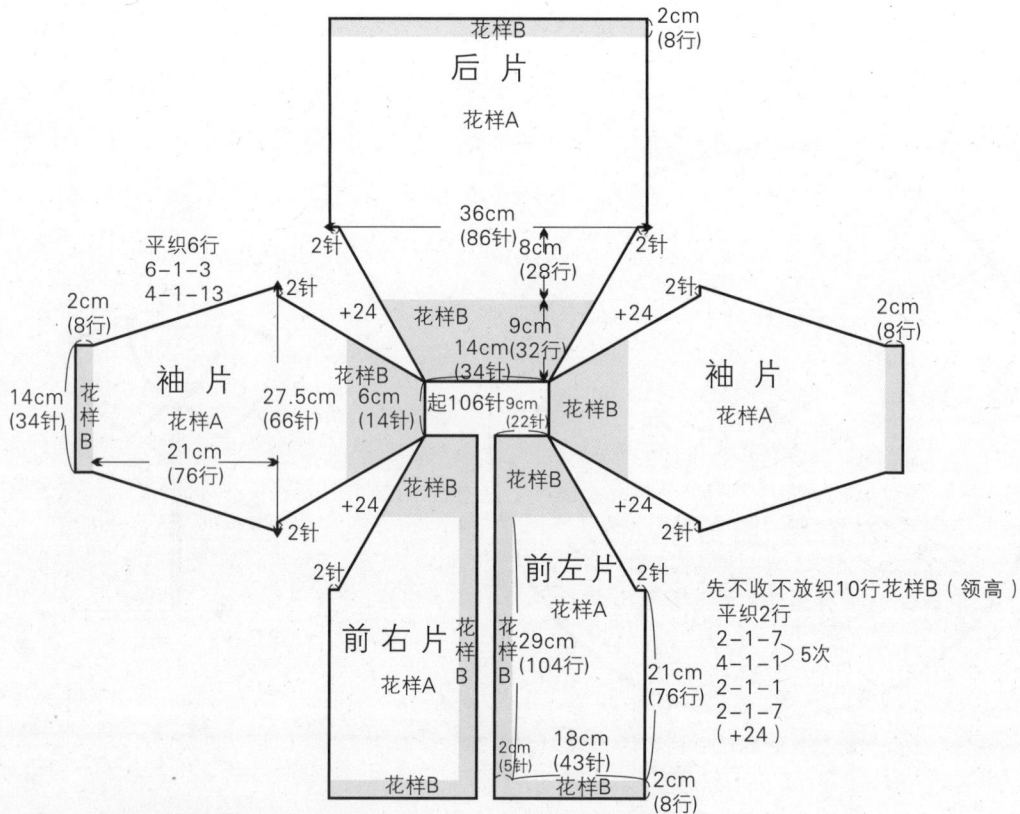

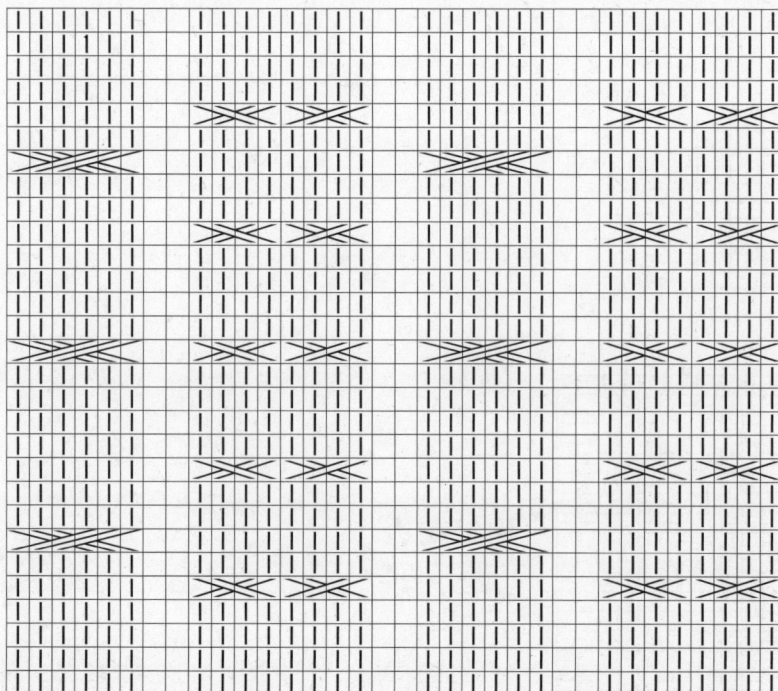

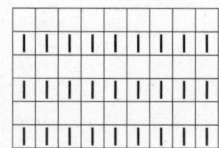

花样B

针法说明:

I	下针
□	上针

4针麻花

左上6针麻花

花样A

玫红色复古开衫

【成品规格】	衣长34cm，胸围56cm，肩宽23cm，袖长25.5cm
【工　　具】	1号棒针，4号钩针
【编织密度】	28针×38行=10cm²
【材　　料】	玫红色毛线300g，绿色、黄色、蓝色少许，纽扣3枚

隆、收领子。前左片衣身片织法同。

2.后片。用1号棒针起80针，从下往上织20cm下针，收领子按后片图解。

3.袖片。用1号棒针起38针，从下往上织下针，两边放针，织到17cm后收袖山，参照图解。

4.前后片、袖片缝合后按衣片袖片图解用4号钩针钩边，用黄、蓝、红各钩3朵小花，绿色钩2片叶子钉在左前片左下角。按图解钉上纽扣。

编织要点:

1.前右片。用1号棒针起50针织下针20cm，按图解收袖

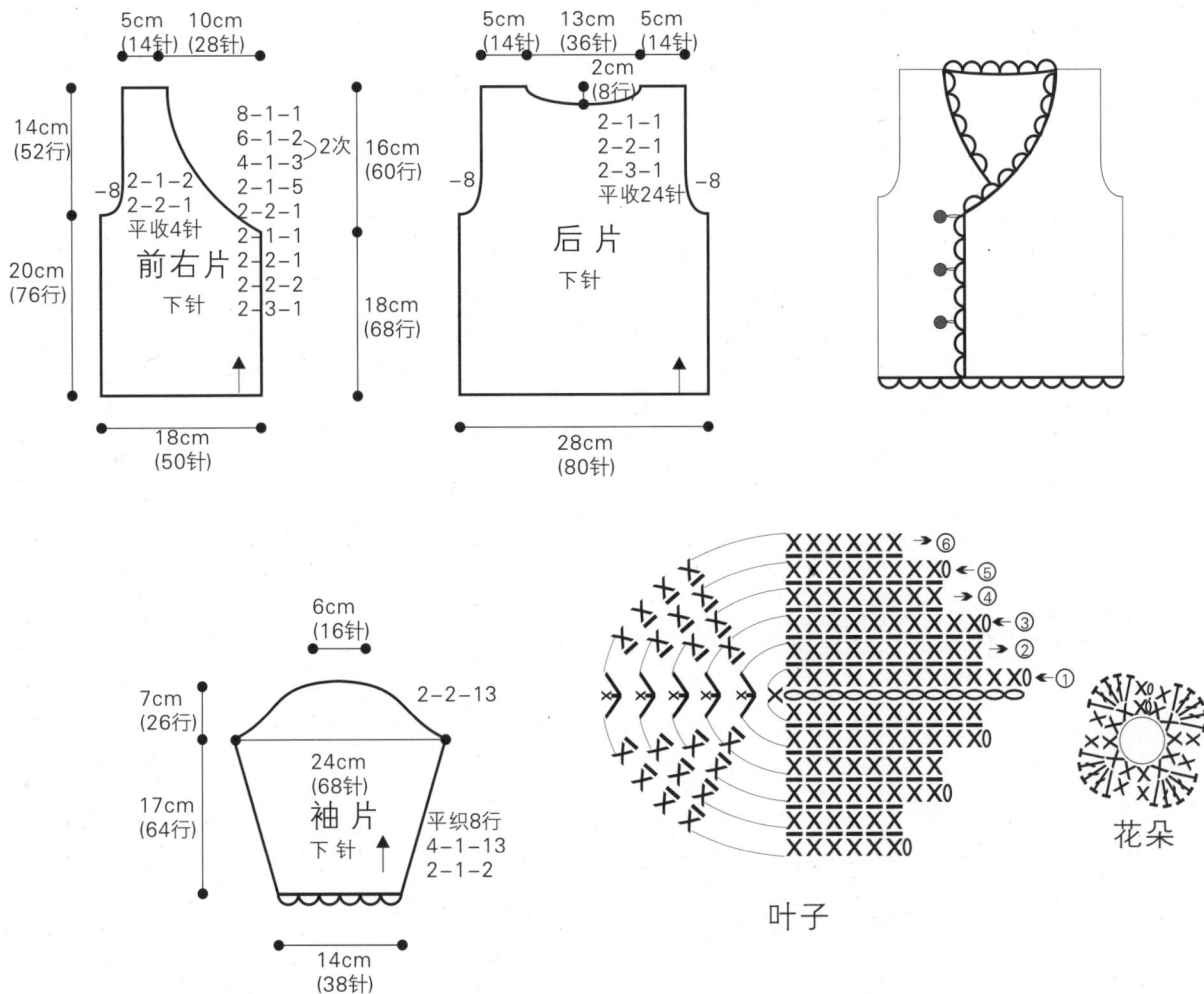

前右片 下针

后片 下针

袖片 下针

叶子

花朵

衣边、袖边花样

针法说明

符号	说明	符号	说明
		I	下针
·	引拨针	□	上针
o	辫子针		
X	短针	⋎	1短针放2短针
T	中长针		
ꓕ	长针		

黑色高领蝙蝠装

【成品规格】 衣长23cm，下摆宽21cm

【工　　具】 10号棒针，缝衣针

【编织密度】 28针×32行=10cm²

【材　　料】 蓝黑色羊毛线400g，纽扣4枚

编织要点:

1. 毛衣用棒针编织，由1片前片、1片后片和2片袖片组成，从上往下编织。

2. 先编织前片。(1)下针起针法起60针，织花样A，并在

两边加针，方法是每2行加1针加16次，各加16针，织32行至92针时，随即减针，方法是每4行减2针减6次，每2行减2针减6次，共减24针，织36行至肩部。(2)同时在68行时，开始开领窝，中间平收26针后，两边减针，方法是每2行减3针减3次，至肩部针数减完。

3. 编织后片。编织方法与前片一样，只是不用开领窝。

4. 编织袖片。两边袖片是一个长方形，起10针，织52行花样B。

5. 缝合。把前后片与两边袖片连起来缝合，成为披肩式毛衣。

6. 领片编织。领圈边挑104针，圈织42行单罗纹，形成高领。

7. 披肩的下摆挑288针，织10行单罗纹边。对应缝上纽扣。毛衣编织完成。

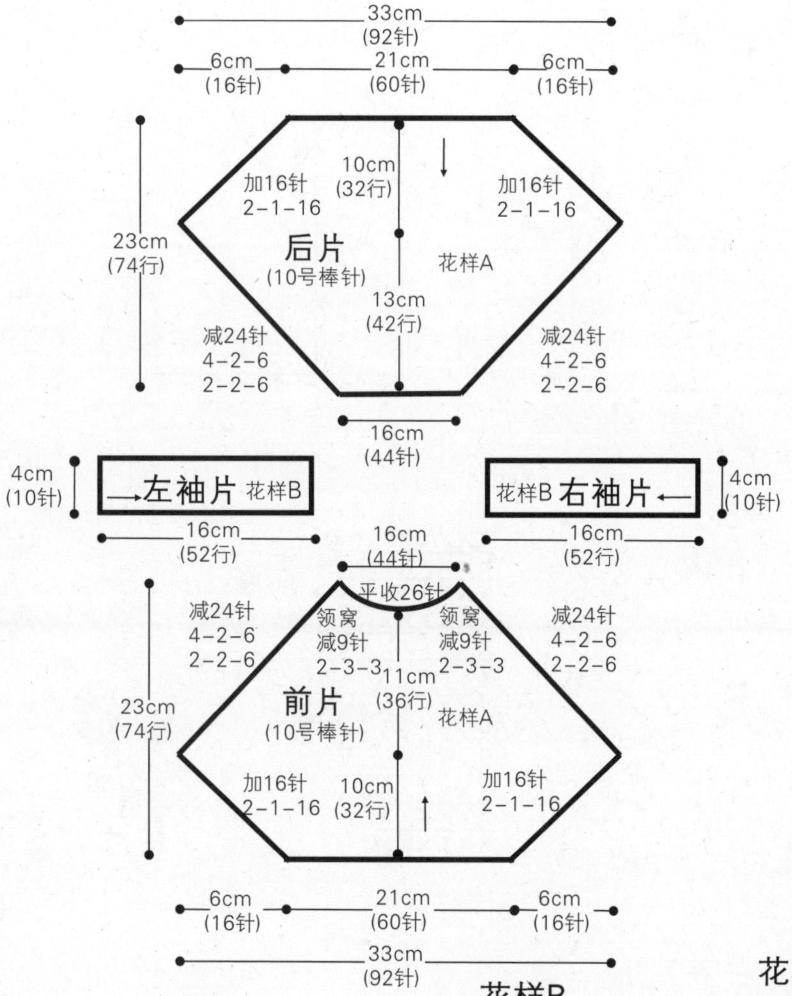

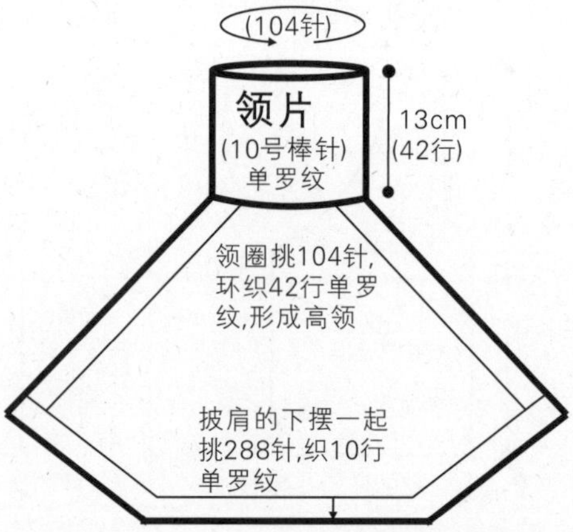

符号说明:

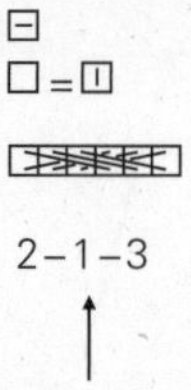

□　　上针

□=□　　下针

右上3针与左下3针交叉

2-1-3　　行-针-次

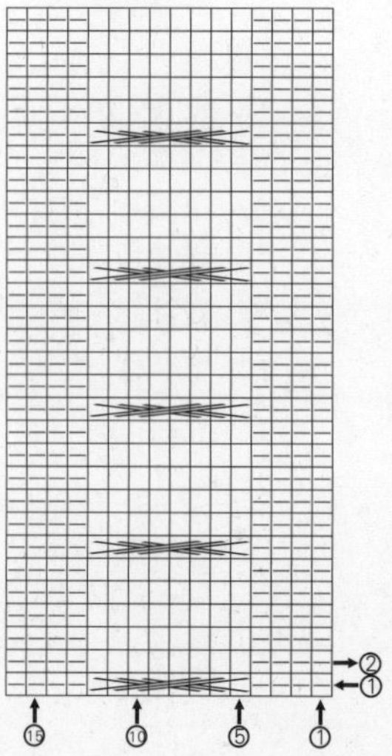

编织方向

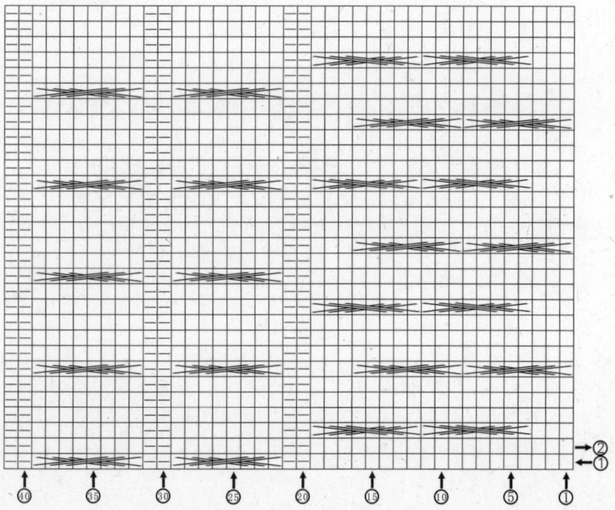

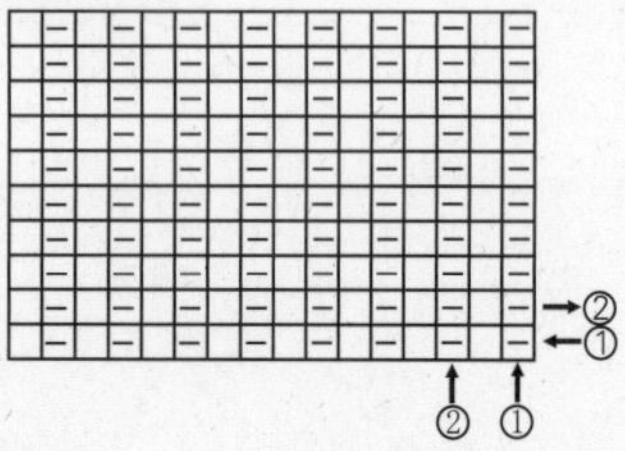

墨绿色简约学生装

【成品规格】　胸围64cm，衣长42cm，袖长48cm

【工　具】　1号、3号棒针

【编织密度】　24针×38行＝10cm²

【材　料】　墨绿色毛线300g，绿色时装线150g，
　　　　　　纽扣9枚

编织要点:

1.前右片。用1号棒针、绿色毛线起46针，从下往上

38针织双罗纹8针织花样C，双罗纹织4cm，花样C一直往上编织，作为门襟，织完罗纹后换3号棒针，织到21cm后开斜肩，按图解编织。前左片，双罗纹织完后织2cm下针，按图解中间排织花样A，其他与前右片同。

2.后片。1号棒针起76针，织4cm双罗纹，往上织下针，收斜肩参照图解。

3.衣袖起36针，罗纹用绿色毛线编织，以上用绿色时装线编织，袖山减针等按图解编织。

4.前后片、衣袖缝合后，用绿色线、1号棒针挑领边，织双罗纹。

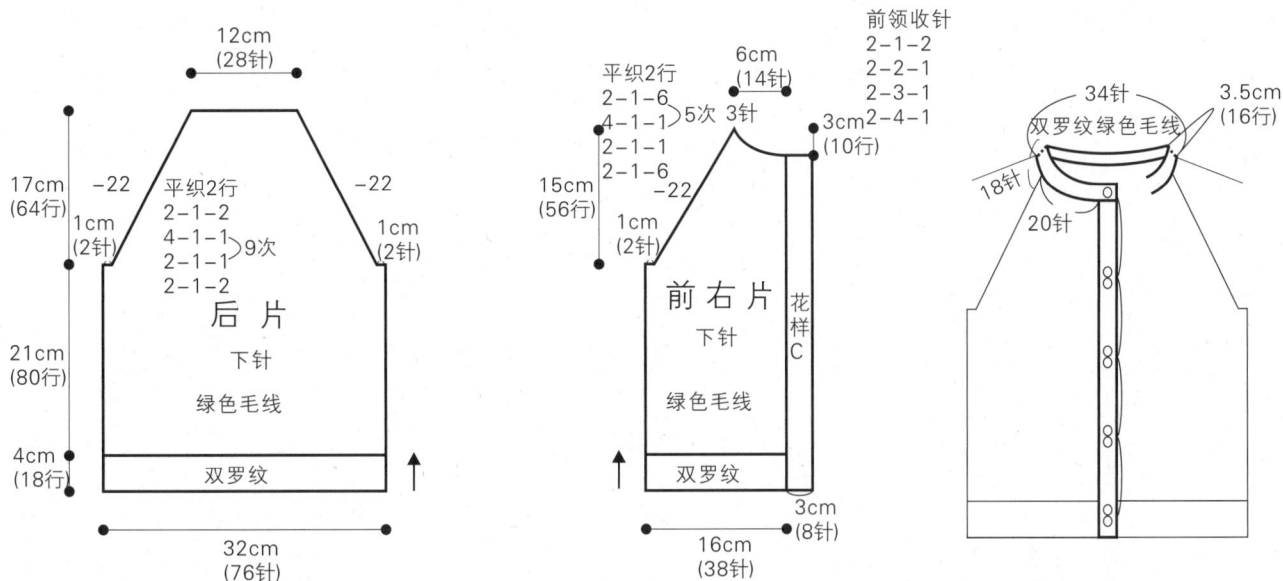

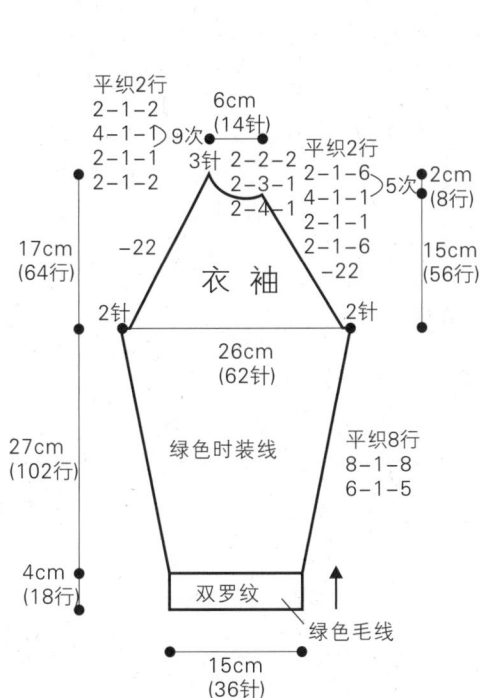

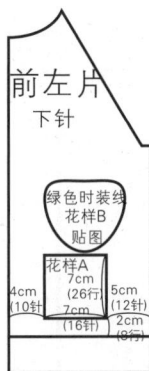

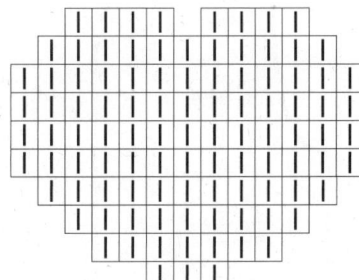

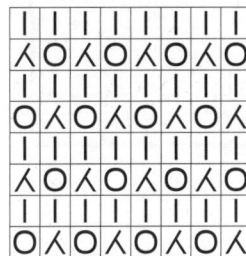

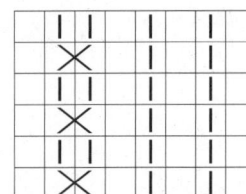

花样B

花样A

花样C

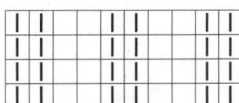

双罗纹

针法说明:

针法	说明
I	下针
□	上针
O	空针
人	左上2针并1针

气质长袖开衫

【成品规格】 衣长34cm，下摆宽32cm，袖长32cm

【工　　具】 10号棒针，缝衣针

【编织密度】 20针×32行=10cm²

【材　　料】 咖啡色段染羊毛线400g，纽扣11枚

编织要点：

1. 毛衣用棒针编织，由2片前片、1片后片、2片袖片组成，从下往上编织。

2. 先编织前片。分右前片和左前片编织。(1) 右前片用下针起针法起32针，先织12行花样B后，改织花样A，侧缝不用加减针，织56行至袖隆。(2) 袖隆以上的编织。右侧袖隆平收2针后减针，方法是每织4行减2针减2次，共减4针，不加不减平织32行至袖隆。(3) 同时从袖隆算起织至20行时，开始领窝减针，门襟平收4针后减针，方法是每4行减2针减5次，共减10针，织至肩部余12针。(4) 相同的方法，相反的方向编织左前片。

3. 编织后片。(1) 用下针起针法，起64针，先织12行花样B后，改织花样A，侧缝不用加减针，织56行至袖隆。(2) 袖隆以上编织。袖隆开始减针，方法与前片袖隆一样。(3) 同时织至从袖隆算起36时，开后领窝，中间平收24针，两边各减2针，方法是每2行减1针减2次，织至两边肩部余12针。

4. 编织袖片。从袖口织起，用下针起针法，起44针，先织12行花样B后，改织花样A，袖侧缝两边各加4针，方法是每14行加1针加4次，编织58行至袖隆。袖隆两边平收2针后，进行袖山减针，方法是两边分别每2行减1针减16次，共减16针，编织完32行后余16针，收针断线。同样方法编织另一袖片。

5. 缝合。将前片的侧缝与后片的侧缝对应缝合，前后片的肩部对应缝合，再将两袖片的袖下缝合后，袖山边线与衣身的袖隆边对应缝合。

6. 门襟编织。两边门襟分别挑66针，织6行花样C，左边门襟均匀地开扣眼。

7. 领子编织。领圈边挑96针，织6行花样C，形成开襟圆领。

8. 前片和后片的衬片另织，起12针织6行花样A，分别缝合与相应的位置。

9. 用缝衣针缝上纽扣，衣服编织完成。

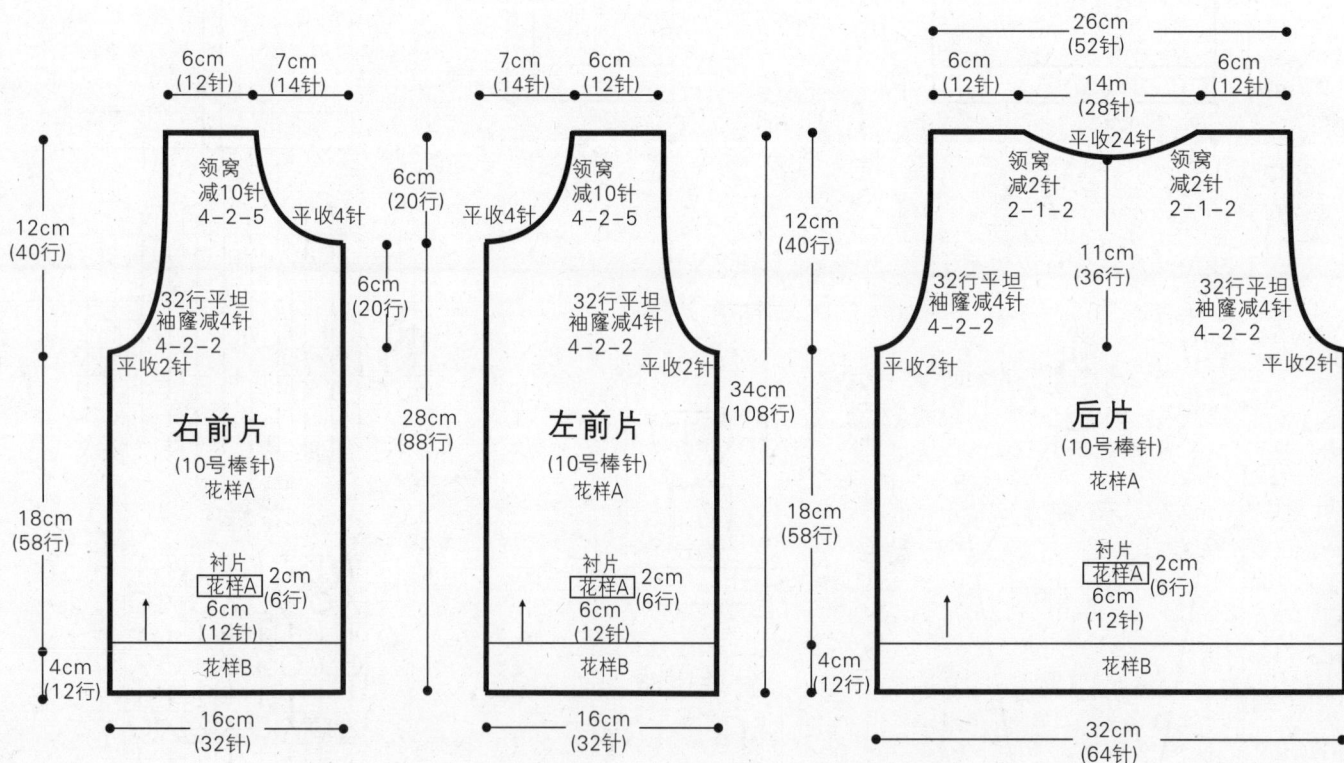

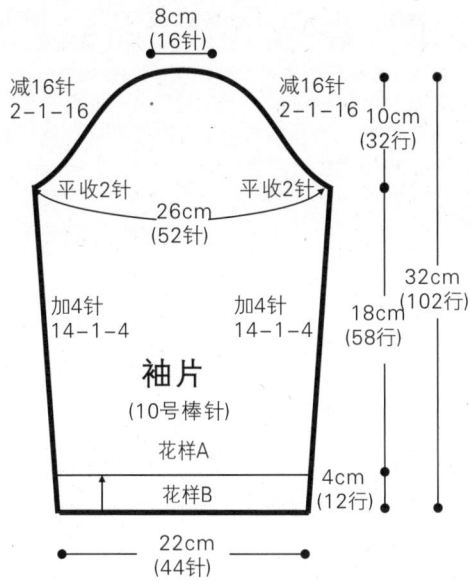

8cm
(16针)

减16针
2-1-16

减16针
2-1-16

10cm
(32行)

平收2针　　　平收2针

26cm
(52针)

加4针
14-1-4

加4针
14-1-4

32cm
(102行)

18cm
(58行)

袖片
(10号棒针)

花样A

花样B

4cm
(12行)

22cm
(44针)

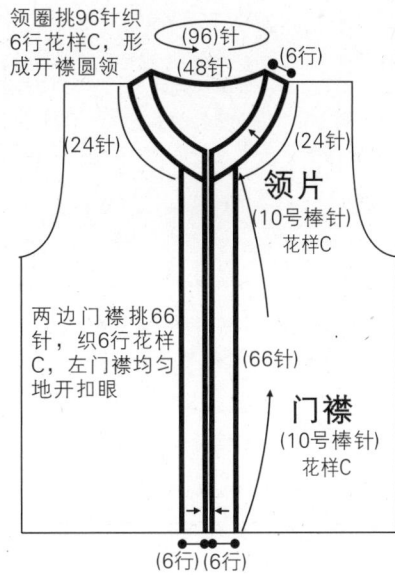

领圈挑96针织
6行花样C，形
成开襟圆领

(96)针
(48针)

(6行)

(24针)

(24针)

领片
(10号棒针)
花样C

两边门襟挑66
针，织6行花样
C，左门襟均匀
地开扣眼

(66针)

门襟
(10号棒针)
花样C

(6行)(6行)

符号说明：

□　　　上针

□=□　　下针

右上2针与
左下1针交叉

左上2针与
右下2针交叉

2-1-3　行-针-次

↑　　编织方向

花样A

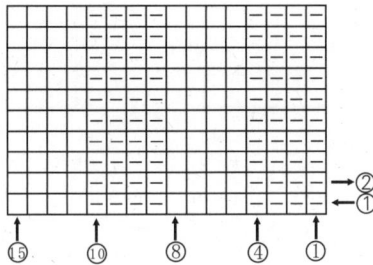

②
①

⑮　⑩　⑧　④　①

单罗纹

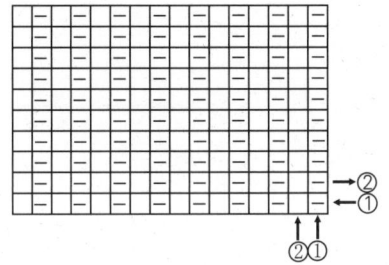

②
①

②①

花样B

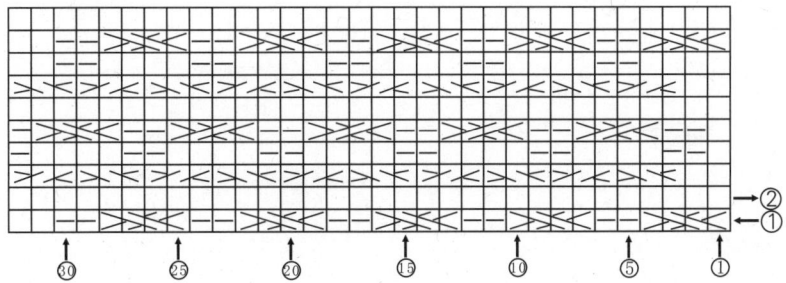

②
①

⑩　㉕　⑳　⑮　⑩　⑤　①

花样C

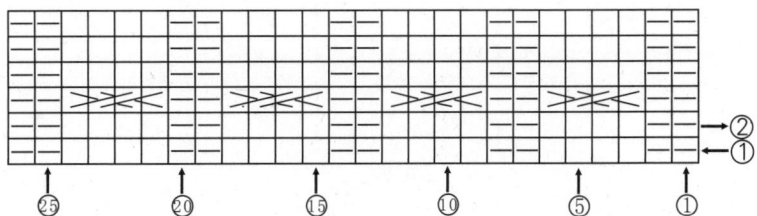

②
①

㉕　⑳　⑮　⑩　⑤　①

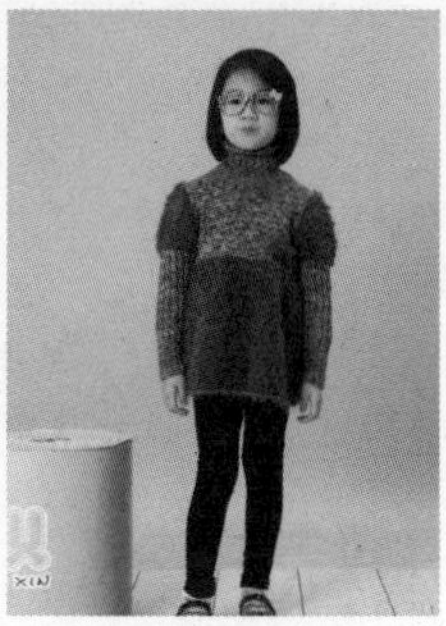

泡泡袖高领毛衣

【成品规格】 衣长44cm，胸围70cm，肩宽26cm，
袖长40cm，衣摆50cm

【工　　具】 3号、15号棒针

【编织密度】 黑夹白色：20针×30行=10cm²
灰色圈圈绒线：14针×18行=10cm²

【材　　料】 灰色圈圈绒线300g，黑夹白色毛线300g

编织要点:

1.前片。用15号棒针、灰色圈圈绒线起70针，从下往上织下针26cm，换3号棒针、黑加白色毛线编织，织4cm后开挂肩，袖笼和前领收针参照图解。

2.后片。编织方法与前片同，后领按后片图解编织。

3.袖片。用3号棒针、黑加白色毛线起28针，从下往上织双罗纹29cm，换灰色圈圈绒线、15号棒针开始收袖山，按图解放针、收袖山。

4.前后片、袖片缝合后，在领部用3号棒针挑72针织双罗纹，织12cm。

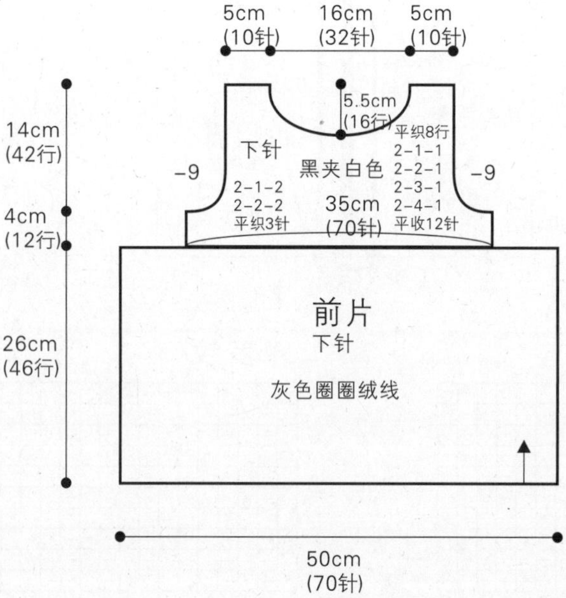

前片

5cm（10针）　16cm（32针）　5cm（10针）

14cm（42行）

5.5cm（16行）

下针

-9

黑夹白色

2-1-2
2-2-2
平织3针

平织8行
2-1-1
2-2-1
2-3-1
2-4-1

-9

35cm（70针）

平收12针

4cm（12行）

前片
下针
灰色圈圈绒线

26cm（46行）

50cm（70针）

后片

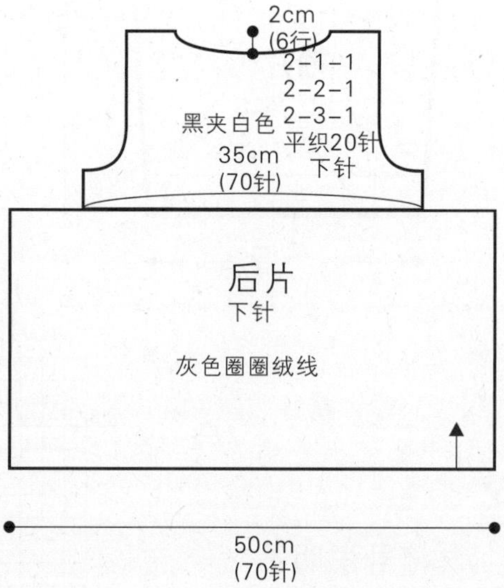

2cm（6行）

2-1-1
2-2-1
2-3-1

黑夹白色

35cm（70针）

平织20针
下针

后片
下针
灰色圈圈绒线

50cm（70针）

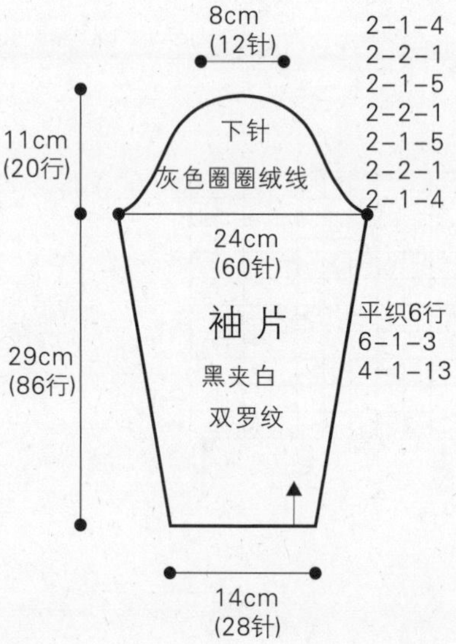

袖片

8cm（12针）

2-1-4
2-2-1
2-1-5
2-2-1
2-1-5
2-2-1
2-1-4

下针
灰色圈圈绒线

11cm（20行）

24cm（60针）

袖片
黑夹白
双罗纹

平织6行
6-1-3
4-1-13

29cm（86行）

14cm（28针）

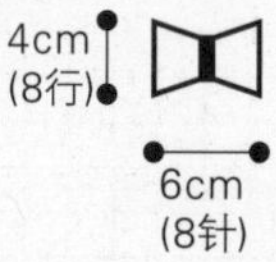

4cm（8行）

6cm（8针）

灰色圈圈绒线蝴蝶结

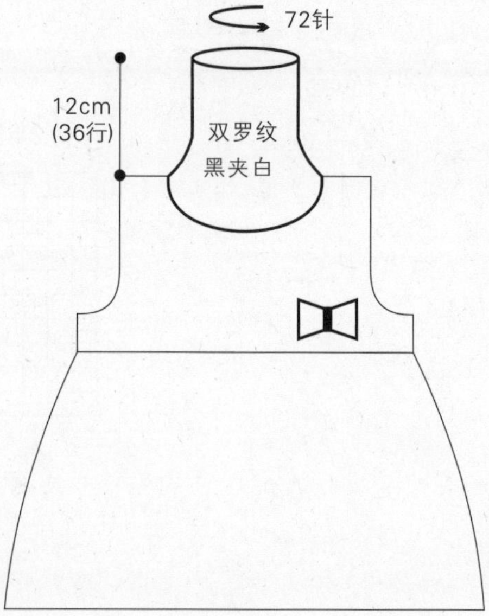

72针

12cm（36行）

双罗纹
黑夹白

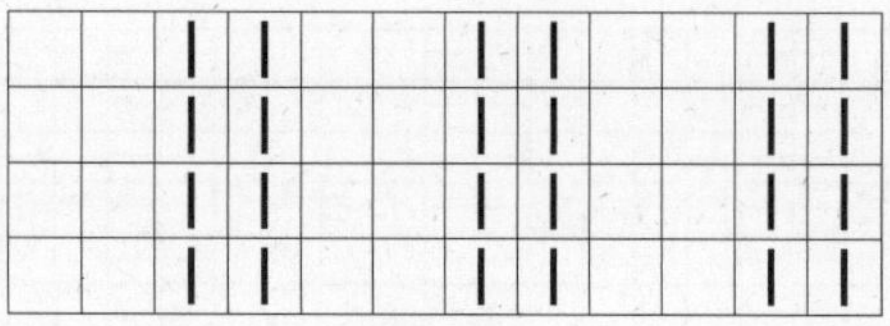

双罗纹

076

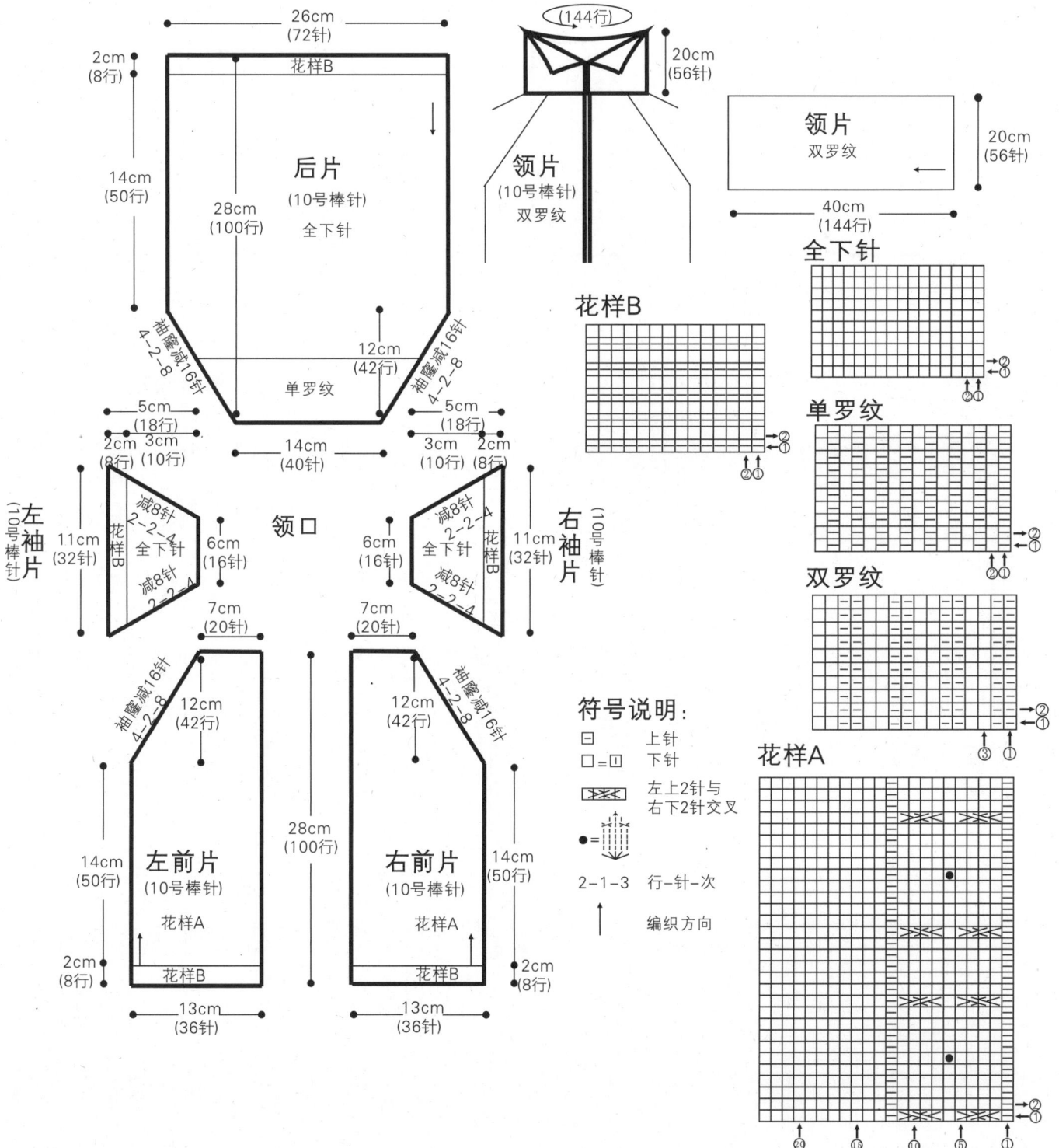

大翻领马甲

【成品规格】 衣长28cm，下摆宽26cm，连肩袖5cm

【工　具】 10号棒针，绣花针

【编织密度】 28针×36行=10cm²

【材　料】 咖啡色段染羊毛线400g，装饰毛线绳子1根

编织要点：

1. 毛衣用棒针编织，由2片前片、1片后片、2片袖片组成，从下往上编织。

2. 先编织前片。(1) 左前片。用下针起针法，起36针，织8行花样B后，改织花样A，侧缝不用加减针，织50行至插肩袖隆。(2) 袖隆以上的编织。袖隆减16针，方法是每4行减2减8次，织42行至肩部余20针，同样方法编织右前片。

3. 编织后片。(1) 用下针起针法，起72针，织8行花样B后，改织全下针，侧缝不用加减针，织50行至插肩袖隆。(2) 袖隆以上的编织。两边袖隆减16针，方法是每4行减2减8次。最后织8行单罗纹，领窝不用减针，织42行织肩部余40针。

4. 编织袖片。用下针起针法，起32针，织8行花样B后，改织全下针，两边减针，方法是每2行减2针减4次，织10行至肩部余16针，同样方法编织另一袖。

5. 缝合。将前片的侧缝与后片的侧缝对应缝合。袖片的插肩部与衣片的插肩部缝合。

6. 门襟用毛线绳子缠绕合并。

7. 领片另织。编织一个长方形，起56针，织144行双罗纹，与领圈缝合，形成开襟圆领。毛衣编织完成。

26cm (72针)

2cm (8行)

花样B

后片 (10号棒针) 全下针

28cm (100行)

14cm (50行)

袖隆减16针 4-2-8

12cm (42行)

袖隆减前16针 4-2-8

单罗纹

5cm (18行) 2cm (8行) 3cm (10行)

14cm (40针)

3cm (10行) 5cm (18行) 2cm (8行)

(144行)

领片 (10号棒针) 双罗纹

20cm (56针)

领片 双罗纹

20cm (56针)

40cm (144行)

全下针

花样B

单罗纹

双罗纹

左袖片 (10号棒针)

11cm (32针)

花样B 减8针 2-2-4 全下针 减8针 2-2-4

6cm (16针)

领口

6cm (16针)

减8针 2-2-4 全下针 减8针 2-2-4 花样B

右袖片 (10号棒针)

11cm (32针)

7cm (20针)

7cm (20针)

袖隆减16针 4-2-8

12cm (42行)

12cm (42行)

袖隆减16针 4-2-8

14cm (50行)

左前片 (10号棒针) 花样A

28cm (100行)

右前片 (10号棒针) 花样A

14cm (50行)

2cm (8行)

花样B

花样B

2cm (8行)

13cm (36针)

13cm (36针)

符号说明：

□ 上针

□=1 下针

▨ 左上2针与右下2针交叉

●= 编织方向

2-1-3 行-针-次

↑ 编织方向

花样A

玫红色公主套装

【成品规格】衣长30cm，下摆宽28cm，裙宽25cm，裙长19cm

【工 具】10号棒针，缝衣针

【编织密度】26针×32行=10cm²

【材 料】红色羊毛线400g，纽扣1枚

编织要点:

1.毛衣用棒针编织，从左前片往上右前片一片式编织。

2.先从左前片起织。(1)下针起针法起46针，先织8行花样B的门襟，再改织花样A，织至16行时进行袖隆减针，方法是每4行减2针减7次，共减14针，至余32针时，左前片完成。(2)继续平织12行后，进行后片袖隆加针，把刚才减掉的14针加回来，方法是每4行加2针加7次，至原来起针数，织片暂时放下不织。(3)领圈另织。起8针，织52行花样B，与织片合并编织10行，再另织52行，收针断线。(4)原织片继续编织，并进行后片另一边袖隆减针，方法是每4行减2针减7次，减至32针时平织12行，后片完成。(5)织片开始进行右袖隆加针，方法是每4行加2针加7次，加至原来的起针数，织16行改织8行花样B，右前片编织完成。

3.用缝衣针缝上纽扣。毛衣编织完成。

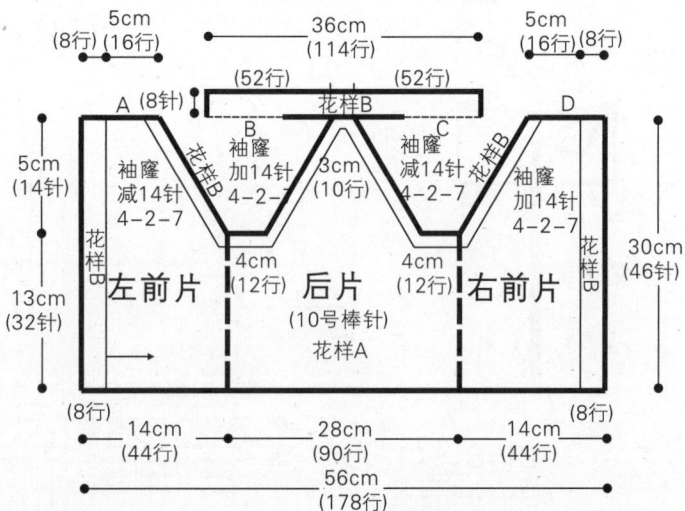

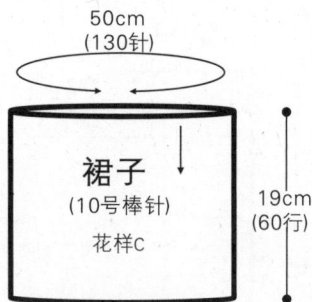

裙子制作说明

1.裙子用棒针编织，由一片式从上往下转圈编织。

2.先从裙头起织。用下针起针法起130针，织60行花样C，收针断线。

3.裙子编织完成。

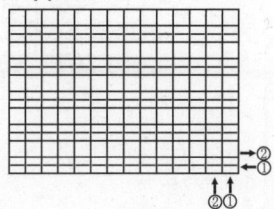

符号说明:

▢ 上针

▢=▢ 下针

左上3针与右下3针交叉

左上4针与右下4针交叉

2-1-3 行-针-次

↑ 编织方向

花样C

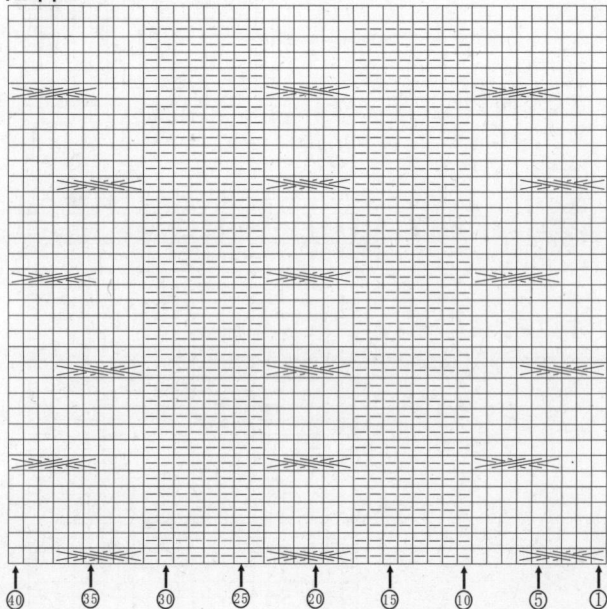

花样A

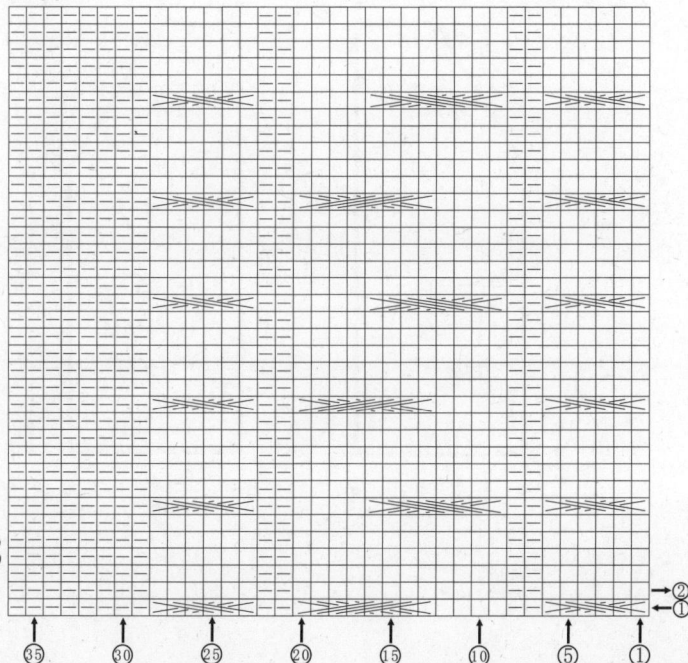

大红长袖毛衣

【成品规格】 衣长27cm，下摆宽27cm，连肩袖长29cm

【工　　具】 10号棒针，缝衣针

【编织密度】 32针×42行=10cm²

【材　　料】 红色羊毛线400g

编织要点：

1. 插肩毛衣用棒针编织，由1片前片、1片后片、2片袖片组成，从下往上编织。

2. 先编织前片。(1) 用单罗纹起针法，起86针，先织30行花样C后，改织花样B，侧缝不用加减针，织42行至插肩袖窿。(2) 袖窿以上的编织。两边平收4针后，进行插肩袖窿减针，方法是每4行减2减10次，各减20针。(3)当织至26行时，改织花样A，再织16行时织2行单罗纹，至顶部余38针，收针断线。

3. 编织后片。编织方法与前片一样。

4. 编织袖片。用单罗纹起针法起56针，先织30行花样C后，改织花样B，两边袖下加针，方法是每8行加1针加10次，织至50行两边平收4针后，开始插肩减针，方法是每4行减2针减10次，各减20针，至顶部余28针，同样方法编织另一袖，收针断线。

5. 缝合。将前片的侧缝与后片的侧缝对应缝合。袖片的袖下分别缝合，袖片的插肩部与衣片的插肩部缝合。毛衣编织完成。

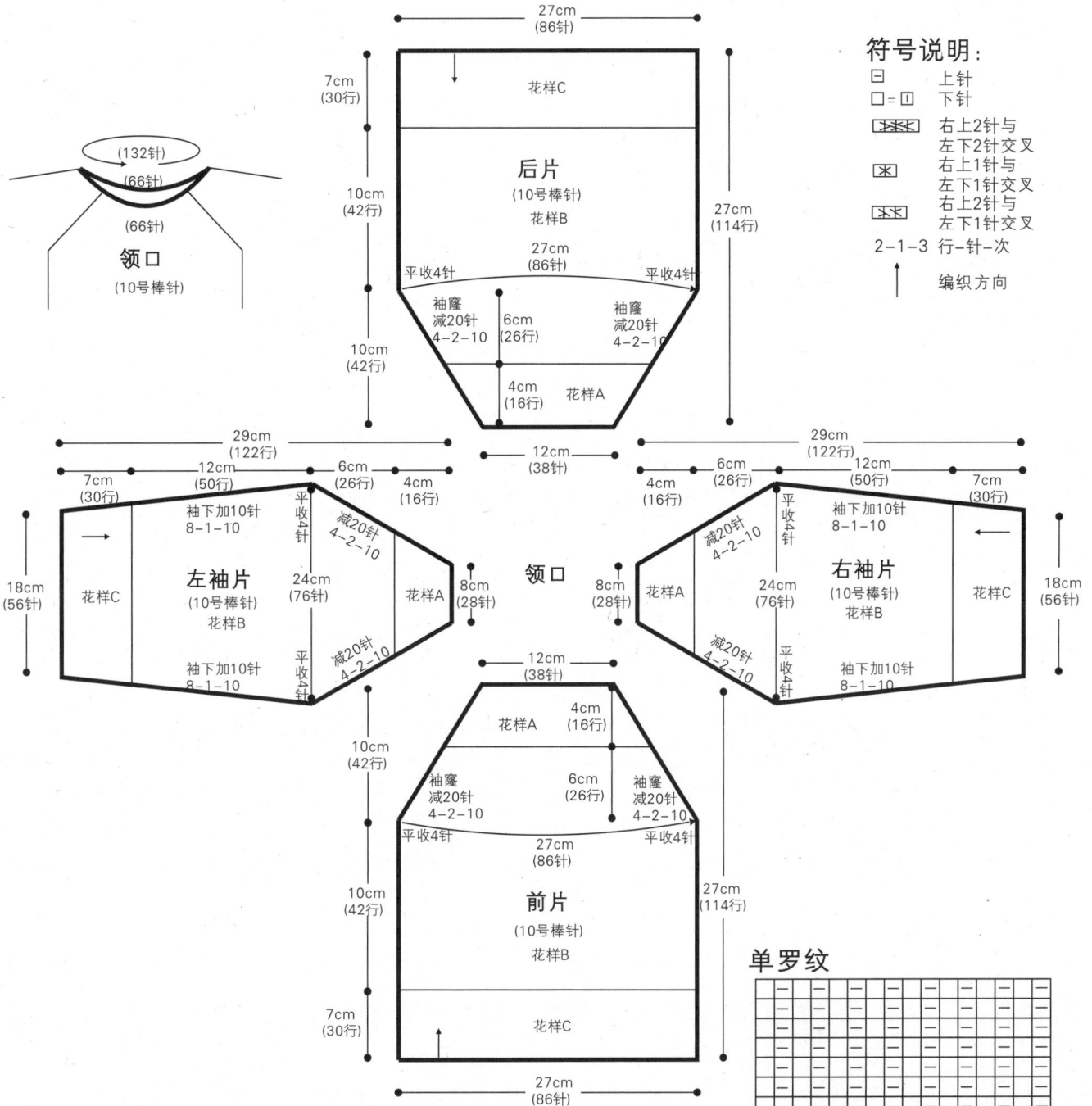

符号说明：

□ 上针

□=Ⅰ 下针

右上2针与左下2针交叉

右上1针与左下1针交叉

右上2针与左下1针交叉

2-1-3 行-针-次

↑ 编织方向

领口 (132针) (66针) (66针)
领口 (10号棒针)

27cm (86针)
花样C
7cm (30行)
后片 (10号棒针) 花样B
10cm (42行)
27cm (86针)
27cm (114行)
平收4针　平收4针
袖窿 减20针 4-2-10　6cm (26行)　袖窿 减20针 4-2-10
10cm (42行)
4cm (16行)　花样A

12cm (38针)

29cm (122行)
7cm (30行)　12cm (50行)　6cm (26行)　4cm (16行)
平收4针　减20针 4-2-10
袖下加10针 8-1-10
18cm (56针)　花样C
左袖片 (10号棒针) 花样B　24cm (76针)　花样A
8cm (28针)
袖下加10针 8-1-10　减20针 4-2-10　平收4针

领口

12cm (38针)
29cm (122行)
4cm (16行)　6cm (26行)　12cm (50行)　7cm (30行)
减20针 4-2-10　平收4针
袖下加10针 8-1-10
8cm (28针)　花样A　右袖片 (10号棒针) 花样B　24cm (76针)　花样C　18cm (56针)
减20针 4-2-10　平收4针
袖下加10针 8-1-10

12cm (38针)
花样A　4cm (16行)
10cm (42行)
袖窿 减20针 4-2-10　6cm (26行)　袖窿 减20针 4-2-10
平收4针　27cm (86针)　平收4针
27cm (114行)
前片 (10号棒针) 花样B
10cm (42行)
7cm (30行)
花样C
27cm (86针)

单罗纹

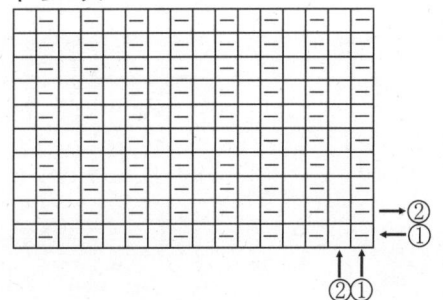

→②
→①
②①

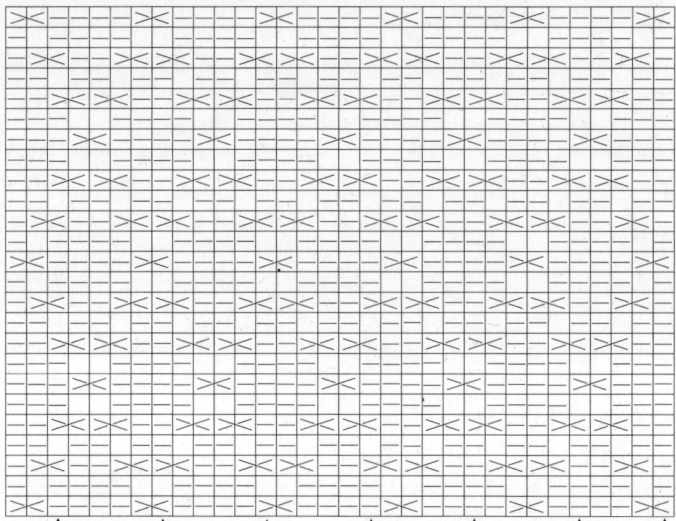

花样A

花样B

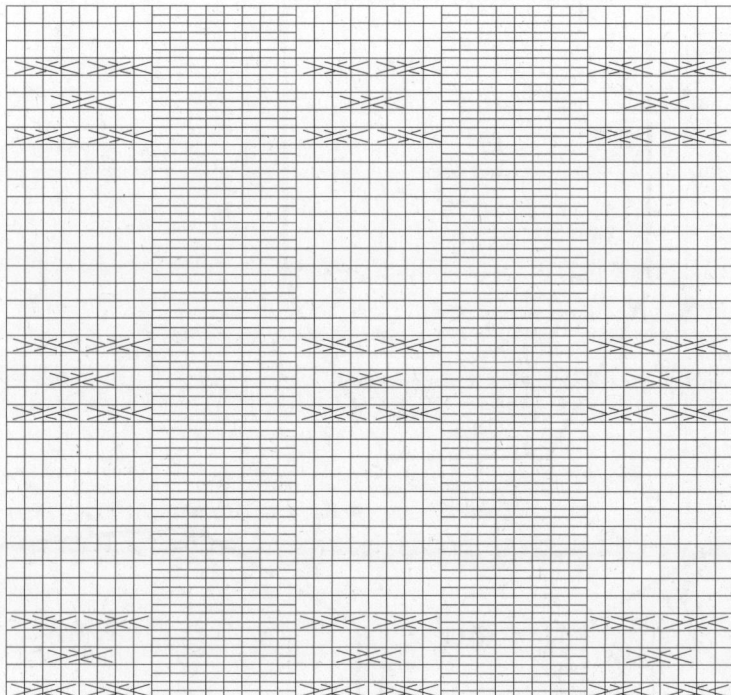

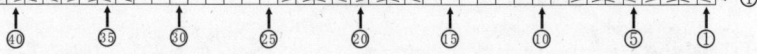

花样C

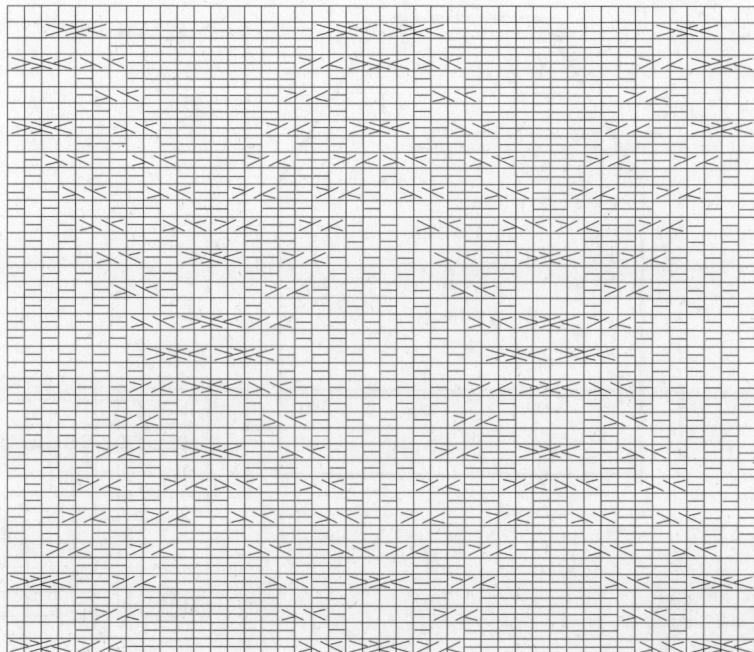

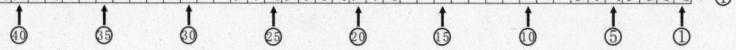

经典短装毛衣

【成品规格】 衣长30cm，胸围56cm

【工　具】 3号、5号棒针

【编织密度】 下针：15针×22行=10cm²
绞花：28针×40行=10cm²

【材　料】 驼色毛线600g，纽扣5枚

针，织28cm后，右边一半收针，一半继续编织，织16cm后，右边放出23针（刚才收去的针），织28cm下针后再织10cm花样A。

2.下片用3号棒针起158针织花样A15cm，一边空5个扣眼。

3.上下衣片缝合后，用3号棒针挑领边，织花样A5cm，按图解编织。

4.整理熨烫。

编织要点：

1.上片用3号棒针起46针织花样A10cm，换5号棒针织下

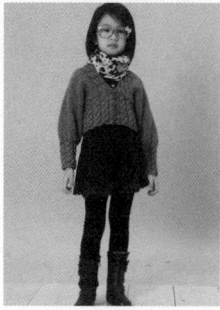

16cm
(46针)

花样A

30cm
(46针)

上 片

下针

15cm
(23针)

花样A

10cm
(40行)　28cm
(62行)　16cm
(36行)　28cm
(62行)　10cm
(40行)

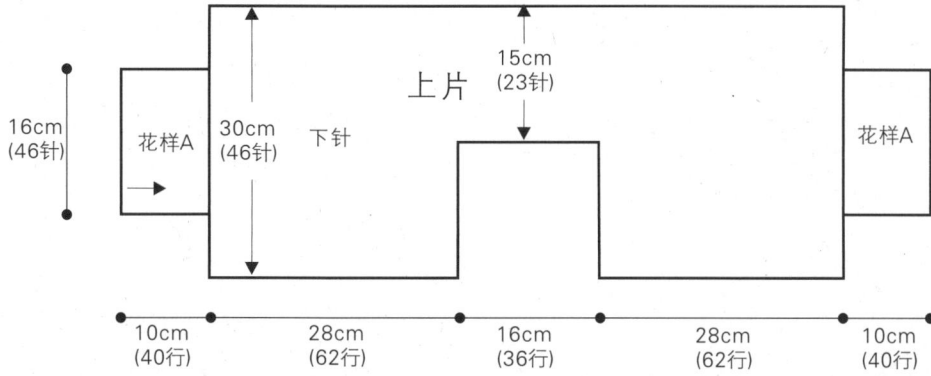

15cm
(60行)

花样A　下 片

56cm
(158针)

花样A

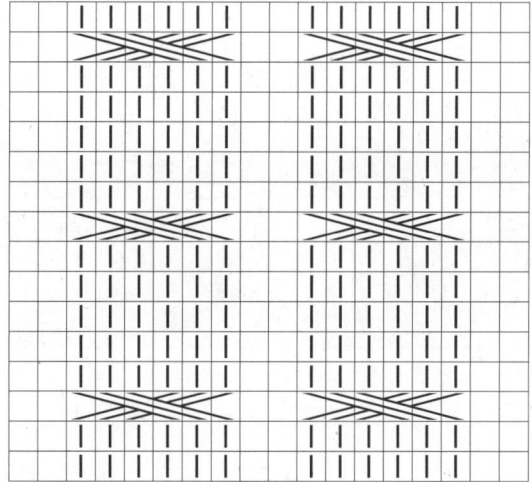

30针

5cm
(20行)

花样A

40针

针法说明：

I	下针
	上针

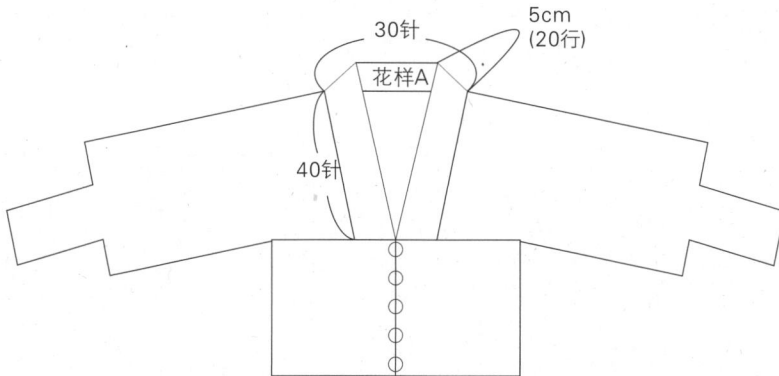

6针绞花

红色背带裙

【成品规格】 衣长56cm，胸围48cm，下摆宽45cm

【工　具】 0号、1号棒针

【编织密度】 30针×36行＝10cm²

【材　料】 红色毛线350g，白色线少量，纽扣2枚

编织要点：

1.前(后)片用1号棒针起136针织下针4cm，往里叠成两层，往上编织18cm下针，打两折，收去64针，剩72针，织4cm后开挂，参照图解编织，织完22行后，再织2cm下针，叠成2层，与底边一样。

2.用0号棒针织2条肩带。前后衣片缝合，钉上肩带，前片再钉上2粒纽扣作为装饰。

3.整理熨烫。

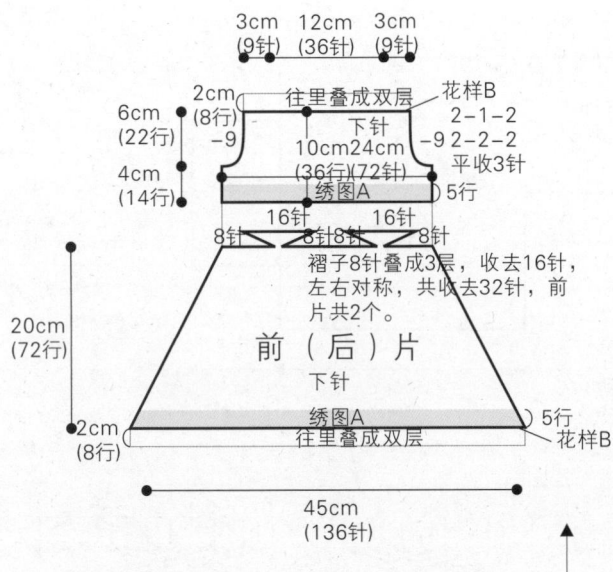

前（后）片

3cm (9针)　12cm (36针)　3cm (9针)

2cm (8行) 往里叠成双层　花样B
6cm (22行)　下针　2-1-2
-9　10cm 24cm　-9 2-2-2
4cm (14行)　(36行)(72行)　平收3针
绣图A　5行
16针　16针
8针　8针 8针　8针
褶子8针叠成3层，收去16针，左右对称，共收去32针，前片共2个。

20cm (72行)　下针

绣图A　5行
2cm (8行)　往里叠成双层　花样B

45cm (136针)

肩带

45cm (136针)　单罗纹

3cm (9针)

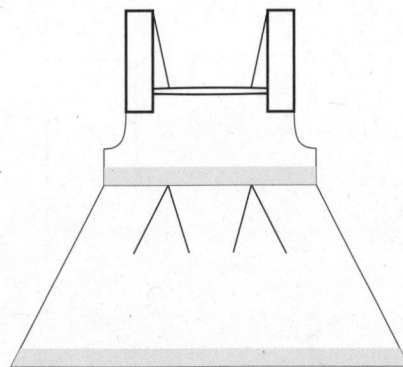

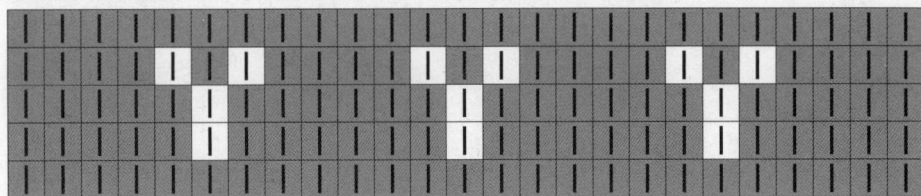

绣图A

▮ 红色
▯I 白色

符号说明：

符号	说明
I	下针
□	上针
Ⅴ Ⅴ	2针并1针
O	空针

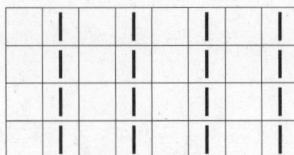

花样B

单罗纹

灰色洋气套装

【成品规格】 衣长42cm，下摆宽28cm，裙宽27cm，裙长20cm

【工　　具】 10号棒针，缝衣针

【编织密度】 32针×44行=10cm²

【材　　料】 灰色羊毛线500g，裙头绳子1根

编织要点：

1. 毛衣用棒针编织，由1片前片、1片后片、2片肩片组成，从下往上编织。

2. 先编织前片。(1) 用下针起针法起88针，织12行双罗纹后，改织全上针，侧缝不用加减针，织66行至袖窿。(2) 袖窿以上的编织。两边袖窿减针，方法是每2行减2针减22次，各减44针，织至顶部针数全部收完。

3. 编织后片。编织方法与前片一样。

4. 肩片编织。(1)左肩片起88针，织70行双罗纹。(2)右肩片起102针，先织8行双罗纹后，改织全下针，至62行时两边减针，方法是每4行减1针减12次，每2行减1针减1次，共减13针，织52行后改织8行双罗纹，至顶部余76针，收针断线。

5. 缝合。将前片的侧缝与后片的侧缝对应缝合。图中的C与D、H与F、A与B、E与G分别缝合。

6. 右肩片中间打皱褶后，缝上纽扣。毛衣编织完成。

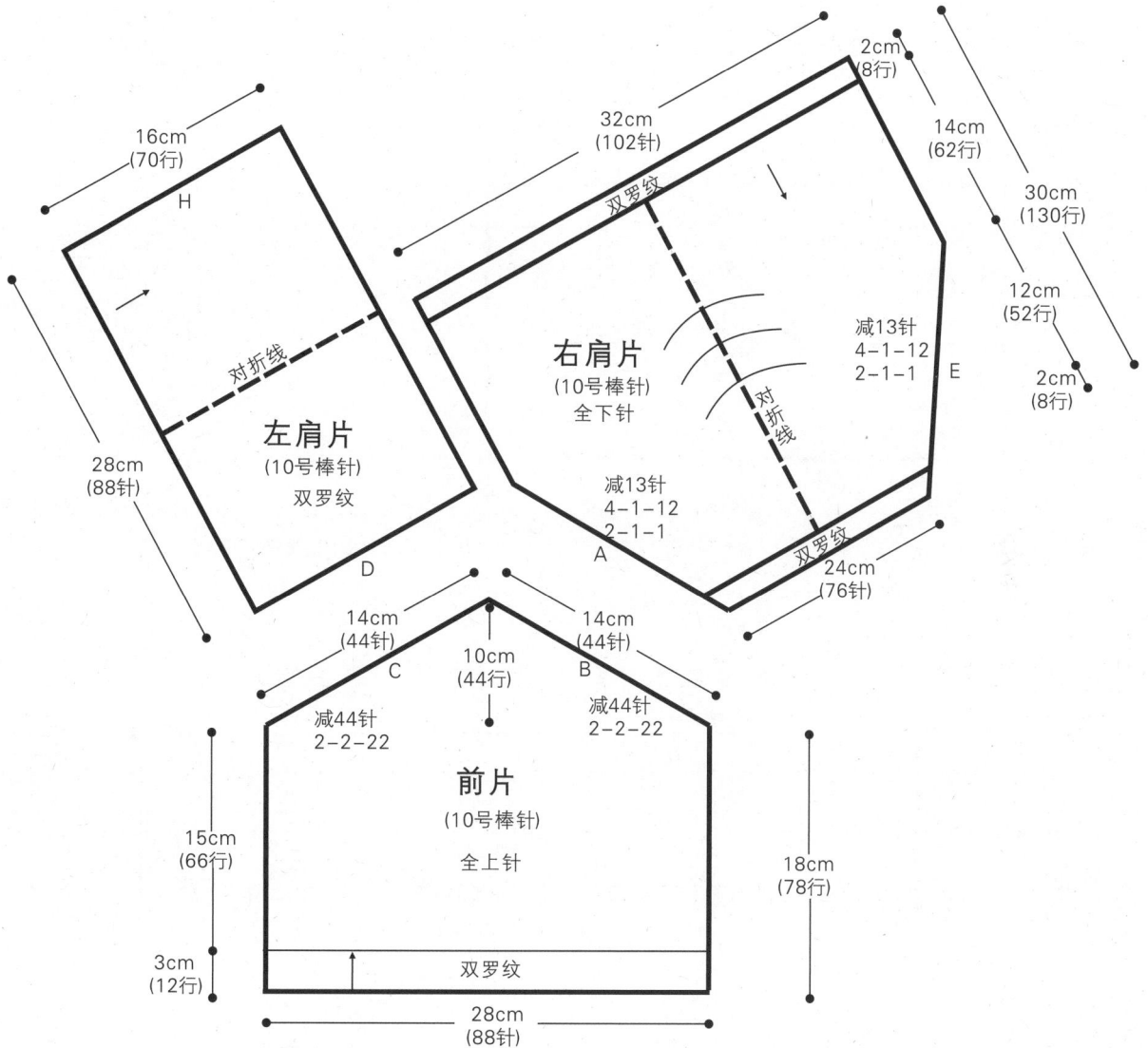

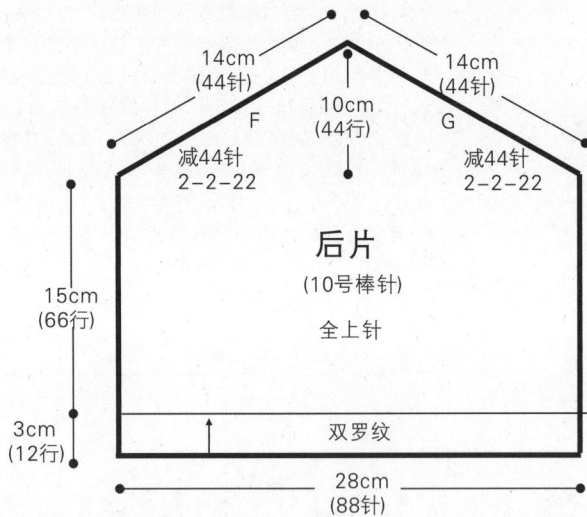

14cm
(44针)
14cm
(44针)
10cm
(44行)

F
G

减44针
2-2-22
减44针
2-2-22

后片
(10号棒针)

全上针

15cm
(66行)

3cm
(12行)

双罗纹

28cm
(88针)

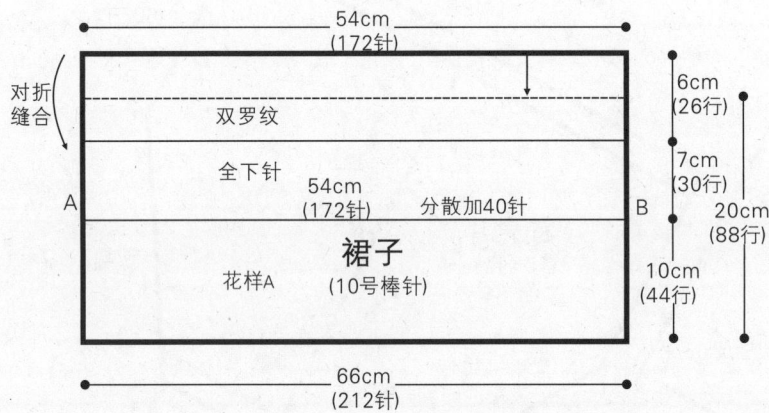

54cm
(172针)

对折
缝合

双罗纹

全下针

54cm
(172针)

分散加40针

A
B

裙子

花样A
(10号棒针)

6cm
(26行)

7cm
(30行)

20cm
(88行)

10cm
(44行)

66cm
(212针)

裙子制作说明

1.裙子用棒针编织，由一片式从上往下转圈编织。

2.先从裙头起织。用下针起针法起172针，织26行双罗纹，对折缝合成双层裙头，继续编织全下针，织30行时分散加40针，至212针，并改织花样A，继续织至44行收针断线。

3.裙子的两边A与B缝合。

4.穿上绳子，裙子编织完成。

符号说明：

□　　上针
□=回　下针
2-1-3　行-针-次

编织方向

全下针

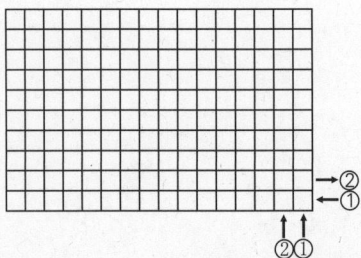
② ①
② ①

双罗纹

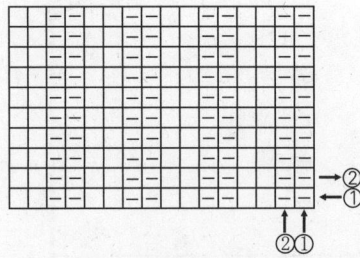
② ①
② ①

花样A

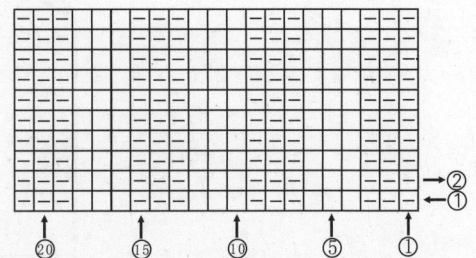
② ①
⑳ ⑮ ⑩ ⑤ ①

单罗纹

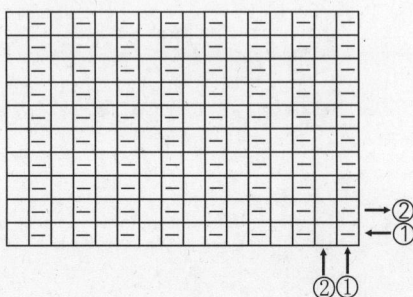
② ①
② ①

全上针

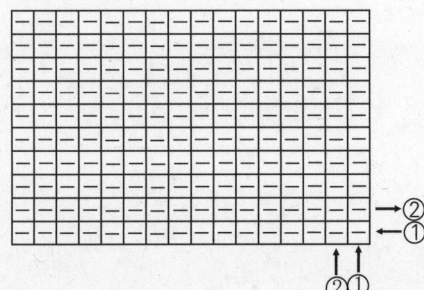
② ①
② ①

米白色帅气套头装

【成品规格】	衣长40cm，胸围72cm，肩宽31cm，袖长25cm
【工　　具】	0号、1号棒针
【编织密度】	26针×38行=10cm²
【材　　料】	米色线550g

1号棒针中间织花样A，两边织下针，17.5cm后开挂肩，按图解收挂肩、收领子。

2.后片起边与前片同，换1号棒针织下针，后领按后片图解编织。

3.袖片用0号棒针起36针，织4cm双罗纹，按图解放针，织够21cm后平收。

4.前后片、袖片缝合，按图解挑领边，两头8针为下针，中间为双罗纹，片织4cm。

编织要点：

1.前片用0号棒针起94针，从下往上织双罗纹6cm，换

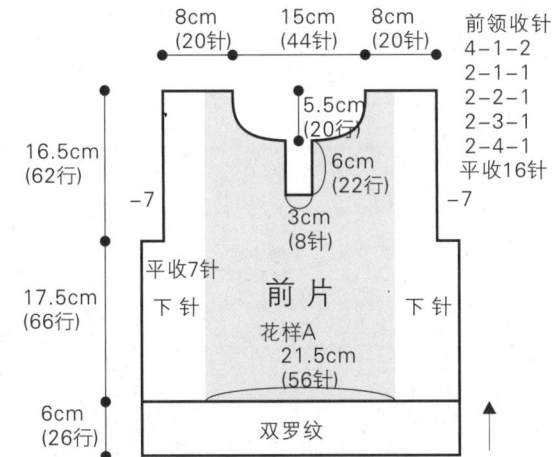

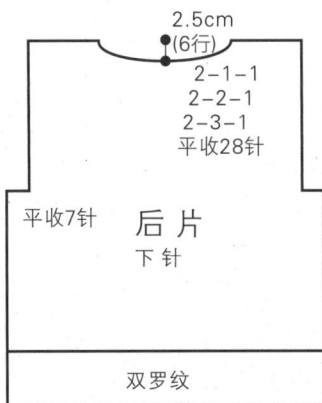

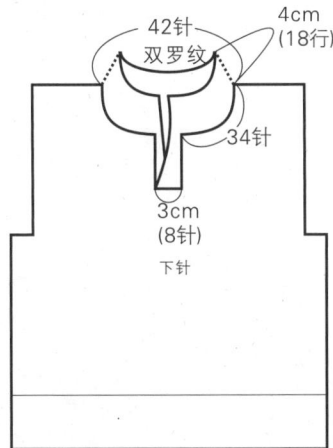

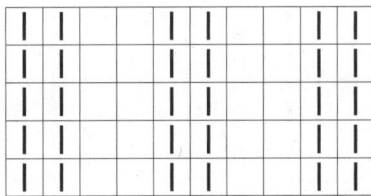

双罗纹

袖片
下针
25cm（66针）
21cm（80行）
4cm（8行）
双罗纹
14cm（36针）
平织6行
6-1-7
4-1-8

符号说明：

Ⅰ	下针
□	上针
╳╳	
╳╳	4针麻花
∩	单元宝针

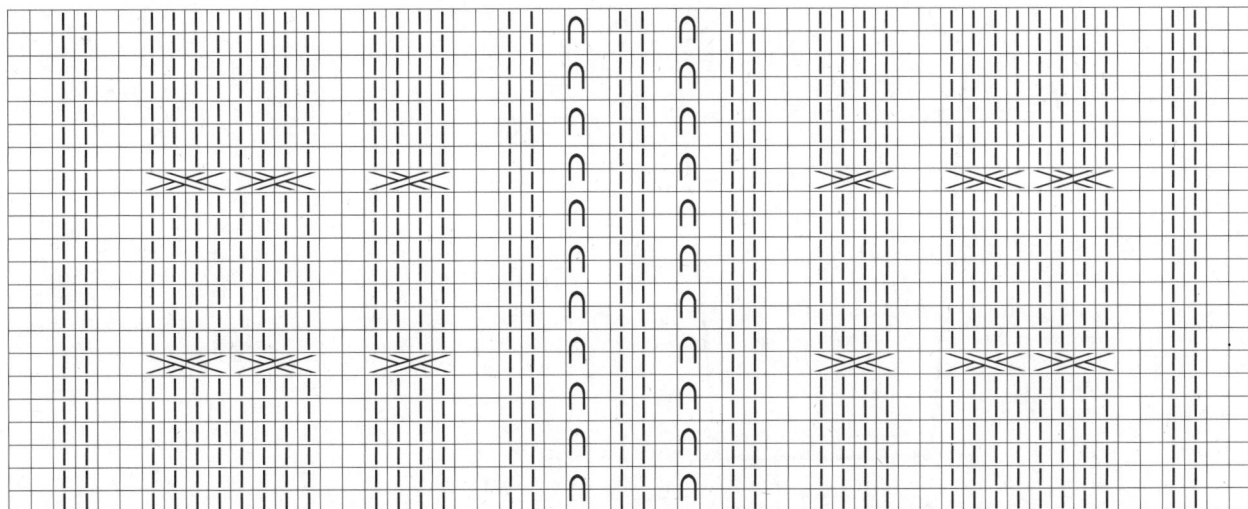

花样A

清凉长袖装

【成品规格】 衣长33cm，下摆宽29cm，肩宽26cm

【工　具】 10号棒针，缝衣针

【编织密度】 24针×32行=10cm²

【材　料】 白色羊毛线400g

编织要点：

1. 毛衣用棒针编织，由1片前片、1片后片、2片袖片组成，从下往上编织。

2. 先编织前片。(1) 用下针起针法起70针，编织花样A，侧缝不用加减针，织64行至袖窿。(2) 袖窿以上的编织。两边袖窿减针，方法是每2行减1针减4次，各减4针，不加不减织34行至肩部。(3) 同时织至袖窿算起26行时，开始开领窝，中间平收30针，然后两边减

针，方法是每2行减1针减4次，各减4针，至肩部余12针。

3. 编织后片。(1) 用下针起针法起70针，编织花样A，侧缝不用加减针，织64行至袖窿。(2) 袖窿以上的编织。两边袖窿减针，方法是每2行减1针减4次，各减4针，不加不减织34行至肩部。(3) 同时织至从袖窿算起38行时，开始开领窝，中间平收34针，然后两边减针，方法是每2行减1针减2次，至肩部余12针。

4. 袖片编织。用下针起针法起38针，织6行花样B后，改织全下针，袖下加针，方法是每4行加1针加13次，织至54行时，开始两边袖山减针，方法是每3行减3针减4次，每2行减2针减6次，至顶部余16针。

5. 缝合。将前片的侧缝与后片的侧缝对应缝合。前片的肩部与后片的肩部缝合，两边袖片的袖下缝合后，分别与衣片的袖边缝合。

6. 领片编织。领圈边挑96针，圈织4行花样B，形成圆领。毛衣编织完成。

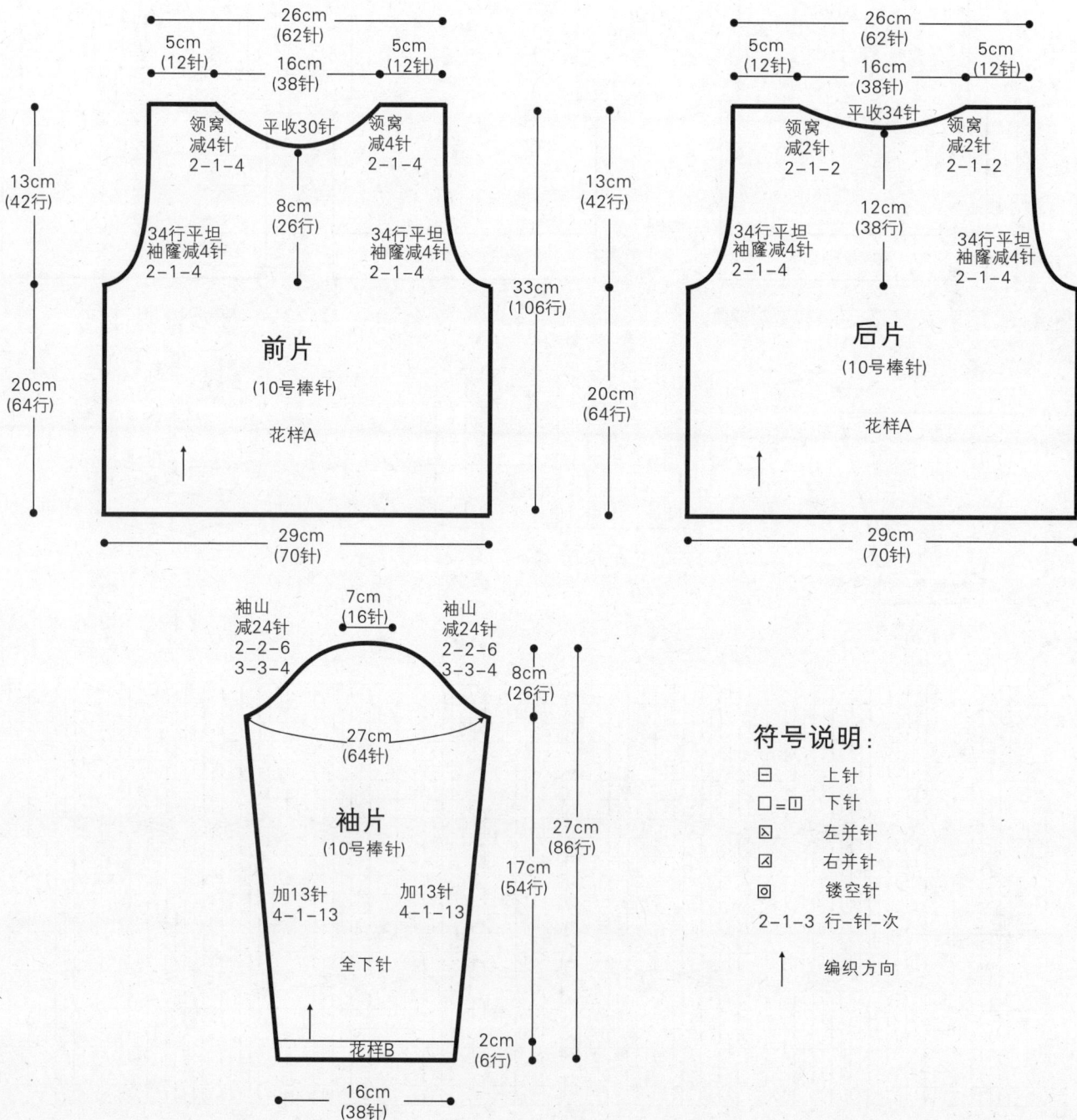

前片 （10号棒针）

26cm（62针）
5cm（12针）　16cm（38针）　5cm（12针）
领窝减4针 2-1-4　平收30针　领窝减4针 2-1-4
8cm（26行）
13cm（42行）
34行平坦 袖窿减4针 2-1-4　　34行平坦 袖窿减4针 2-1-4
花样A
20cm（64行）
33cm（106行）
13cm（42行）
20cm（64行）
29cm（70针）

后片 （10号棒针）

26cm（62针）
5cm（12针）　16cm（38针）　5cm（12针）
领窝减2针 2-1-2　平收34针　领窝减2针 2-1-2
12cm（38行）
34行平坦 袖窿减4针 2-1-4　　34行平坦 袖窿减4针 2-1-4
花样A
29cm（70针）

袖片 （10号棒针）

7cm（16针）
袖山减24针 2-2-6 3-3-4　　袖山减24针 2-2-6 3-3-4
8cm（26行）
27cm（64针）
27cm（86行）
加13针 4-1-13　　加13针 4-1-13
17cm（54行）
全下针
花样B
2cm（6行）
16cm（38针）

符号说明：

□　上针

□=□　下针

⊠　左并针

⊠　右并针

⊡　镂空针

2-1-3　行-针-次

↑　编织方向

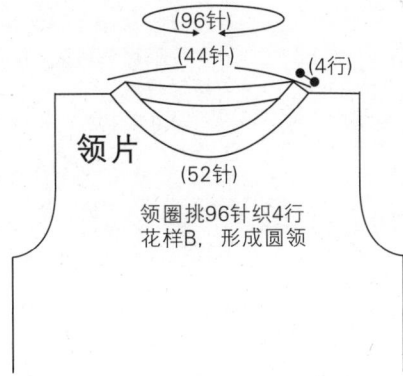

领片

领圈挑96针织4行
花样B，形成圆领

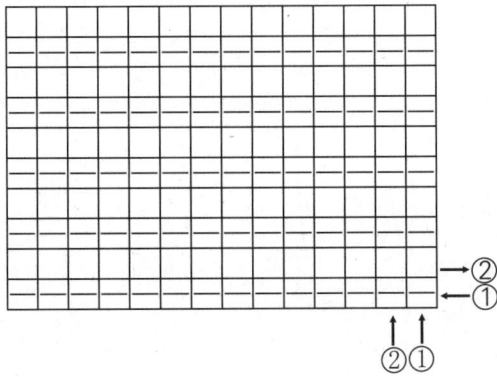

花样B

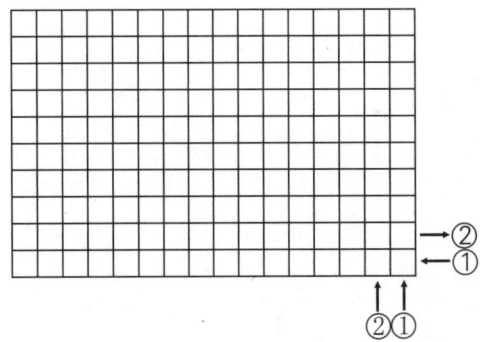

全下针

花样A

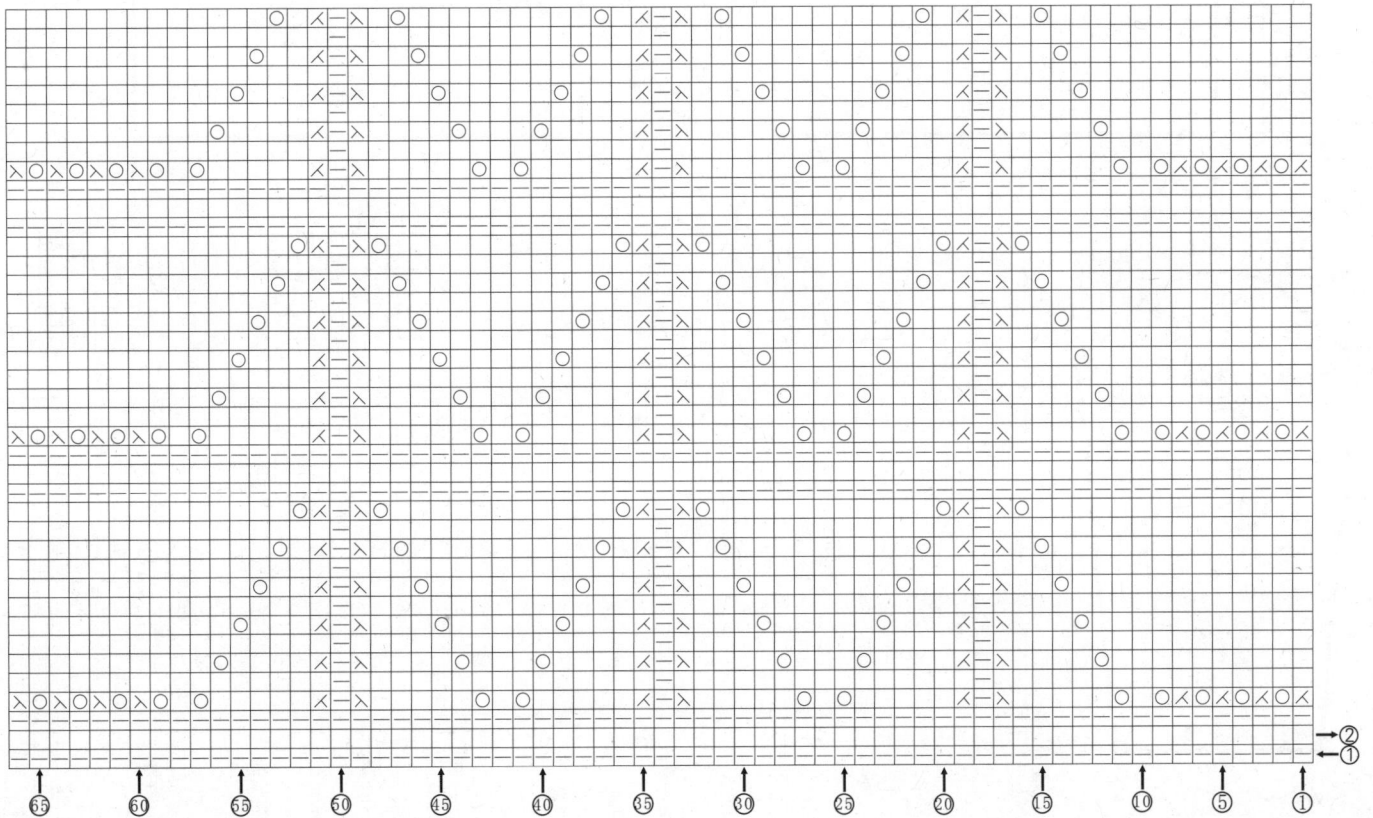

假两件长袖装

【成品规格】 衣长35cm，下摆宽28cm，袖长30cm

【工　具】 10号棒针，缝衣针

【编织密度】 全下针：22针×32行=10cm²
单罗纹：28针×32行=10cm²

【材　料】 绿色羊毛线300g，白色线少许

编织要点：

1. 毛衣用棒针编织，由1片前片、1片后片、2片袖片组成，从下往上编织。

2. 先编织前片。(1) 用下针起针法起78针，编织10行单罗纹后，分散减8针，然后改织花样A继续编织，侧缝不用加减针，织58行至袖窿。(2) 袖窿以上的编织。两边袖窿减针，方法是每2行减1针减7次，各减7针，余下针数不加不减织30行至肩部。(3) 同时从袖窿算起织至

26行时，开始开领窝，中间平收12针，然后两边减针，方法是每2行减2针减5次，各减10针，不加不减织8行，至肩部余12针。

3. 编织后片。(1) 用下针起针法起78针，编织10行单罗纹后，分散减8针，然后改织全下针继续编织，侧缝不用加减针，织58行至袖窿。(2) 袖窿以上的编织。两边袖窿减针，方法是每2行减1针减7次，各减7针，余下针数不加不减织30行至肩部余56针，不用开领窝。

4. 袖片编织。用下针起针法，起40针，织10行单罗纹后，改织全下针，袖下加针，方法是每6行加1针加10次，织至64行时，开始袖山减针，方法是每2行减2针减11次，至顶部余16针。

5. 缝合。将前片的侧缝与后片的侧缝对应缝合。前片的肩部与后片的肩部缝合，两边袖片的袖下缝合后，分别与衣片的袖边缝合。

6. 领片编织。领圈边先挑96针，圈织8行全下针，再在同一位置的内侧，用白色线挑114针，织22行单罗纹，形成双层圆领。毛衣编织完成。

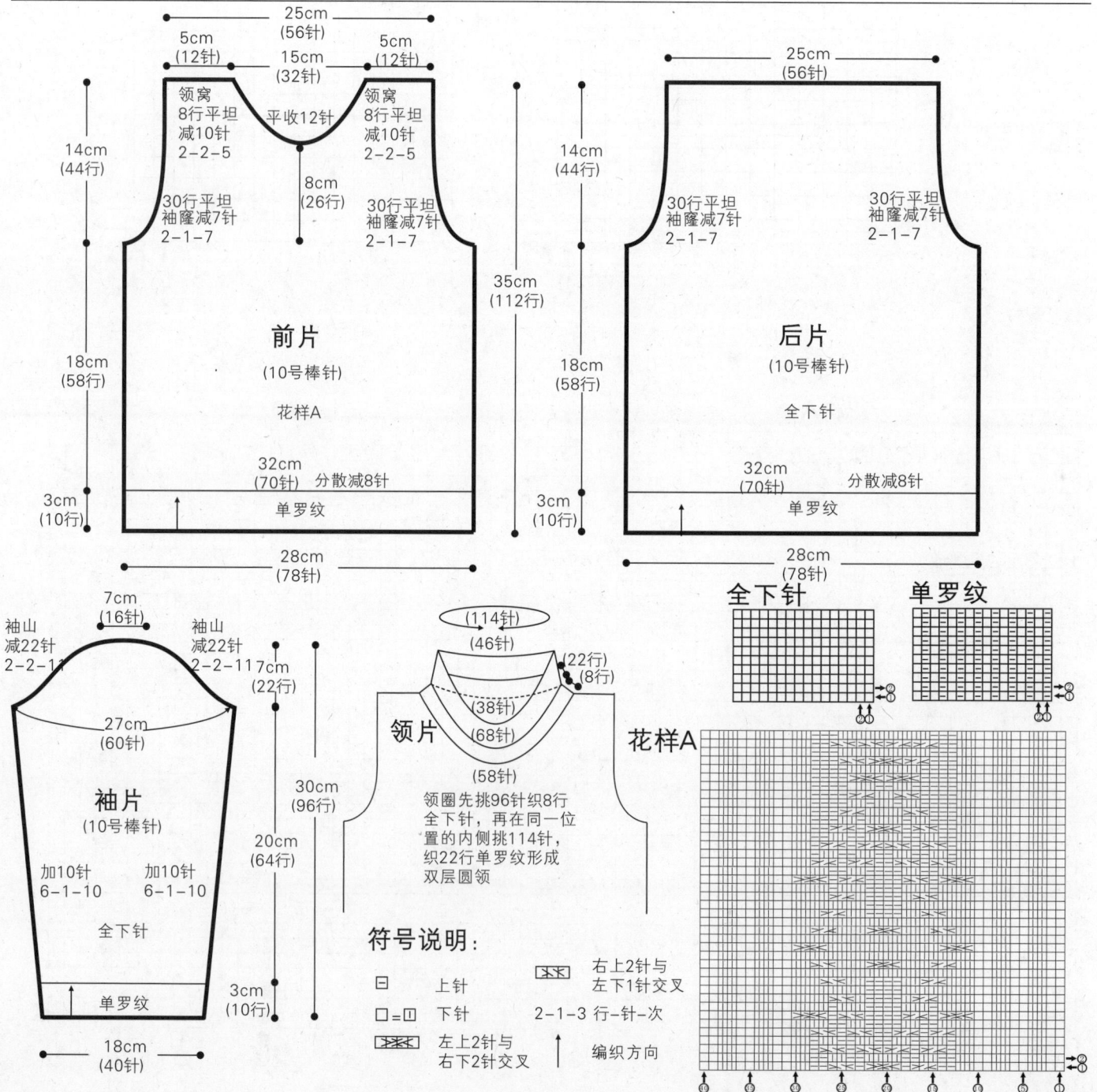

前片

25cm（56针）

5cm（12针）　15cm（32针）　5cm（12针）

领窝
8行平坦
减10针
2-2-5　平收12针　领窝
8行平坦
减10针
2-2-5

8cm（26行）

14cm（44行）

30行平坦
袖窿减7针
2-1-7　30行平坦
袖窿减7针
2-1-7

18cm（58行）

35cm（112行）

前片
（10号棒针）
花样A

32cm（70针）　分散减8针

3cm（10行）　单罗纹

28cm（78针）

后片

25cm（56针）

14cm（44行）

30行平坦
袖窿减7针
2-1-7　30行平坦
袖窿减7针
2-1-7

18cm（58行）

后片
（10号棒针）
全下针

32cm（70针）　分散减8针

单罗纹

28cm（78针）

袖片

7cm（16针）

袖山
减22针
2-2-11　袖山
减22针
2-2-11

17cm（22行）

27cm（60针）

袖片
（10号棒针）

加10针
6-1-10　加10针
6-1-10

全下针

30cm（96行）

20cm（64行）

单罗纹

3cm（10行）

18cm（40针）

领片

（114针）
（46针）

（22行）（8行）

（38针）

领片

（68针）

（58针）

领圈先挑96针织8行全下针，再在同一位置的内侧挑114针，织22行单罗纹形成双层圆领

全下针

单罗纹

花样A

符号说明：

□ 　上针

□=□ 　下针

右上2针与左下1针交叉

2-1-3　行-针-次

左上2针与右下2针交叉

编织方向

修身高领毛衣

【成品规格】 衣长37cm，下摆宽28cm，肩宽20cm，袖长34cm

【工　具】 10号棒针，缝衣针

【编织密度】 34针×40行=10cm²

【材　料】 蓝色段染羊毛线400g，白色线等少许，高领纽扣2枚

编织要点：

1. 毛衣用棒针编织，由1片前片、1片后片、2片袖片组成，从下往上编织。

2. 先编织前片。(1) 用机器边起针法起94针，用白色线织2行后改用蓝色段染线，先织16行单罗纹后，改织花样A，侧缝不用加减针，织68行至袖窿。(2) 袖窿以上的编织。两边袖窿平收5针后减针，方法是每2行减2针减4次，各减8针，余下针数不加不减织56行至肩部。(3) 同时从袖窿算起织织48行时，开始领窝减针，中间平收

12针，然后两边减针，方法是每2行减2针减8次，各减16针，织至肩部余12针。

3. 编织后片。(1) 袖窿和袖窿以下编织方法与前片袖窿一样。(2) 同时织至袖窿算起56行时，开后领窝，中间平收36针，两边减针，方法是每2行减1针减4次，织至两边肩部余12针。

4. 袖片编织。用机器边起针法起44针，用白色线织2行后改用蓝色段染线，先织16行单罗纹后，改织花样A，袖下加针，方法是每10行加1针加8次，织80行后，两边各平收4针，开始袖山减针，方法是每2行减1针减20次，织40行至顶部余12针。

5. 缝合。将前片的侧缝与后片的侧缝对应缝合。前片的肩部与后片的肩部缝合，两边袖片的袖下缝合后，分别与衣片的袖边缝合。

6. 领片编织。领圈边挑122针，圈织52行单罗纹，(最后10行片织，并用白色线织2行)形成高领。

7. 用缝衣针，缝上高领纽扣。毛衣编织完成。

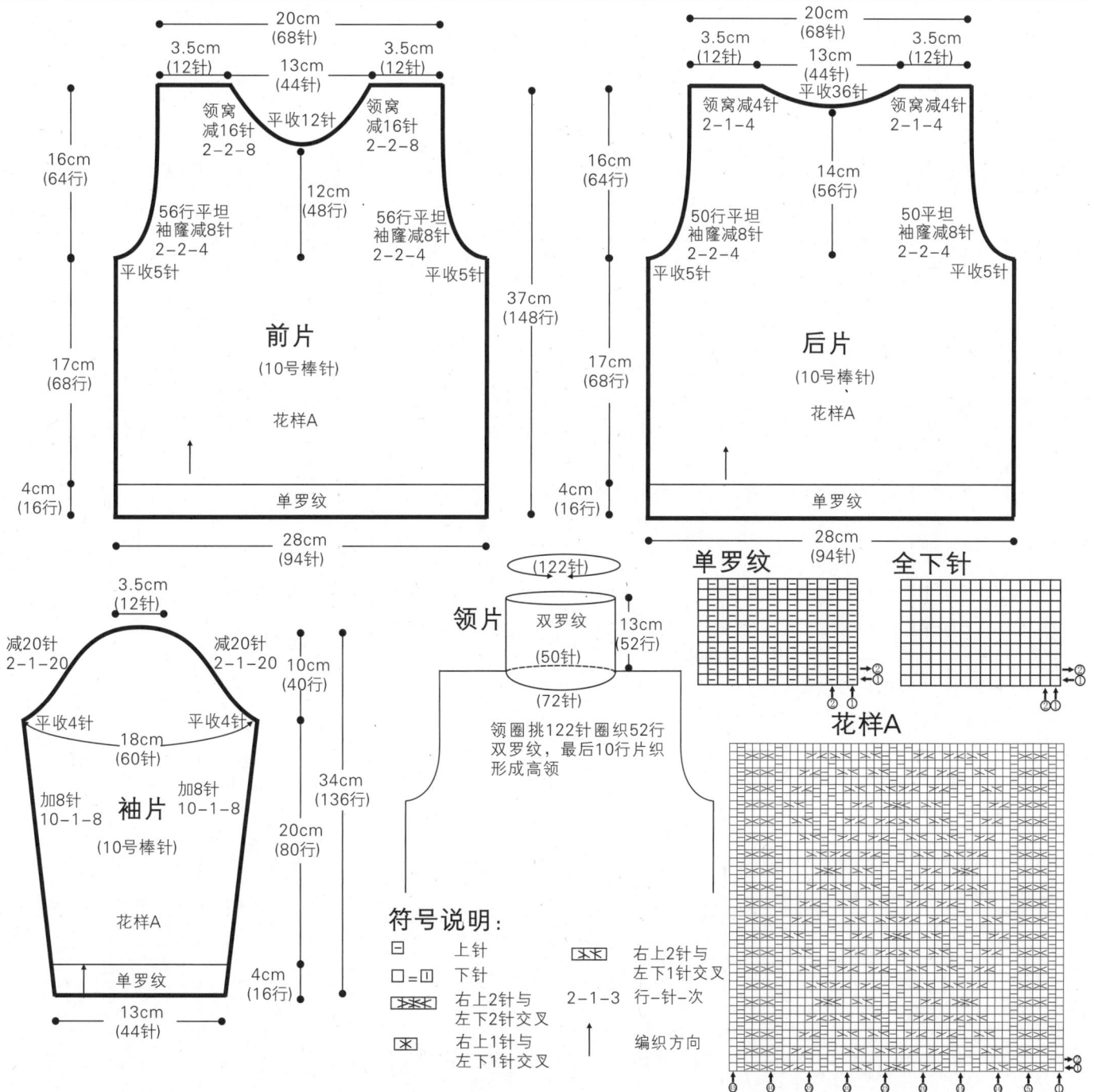

前片

20cm (68针)
3.5cm (12针) ／ 13cm (44针) ／ 3.5cm (12针)
领窝减16针 2-2-8　平收12针　领窝减16针 2-2-8
16cm (64行)
56行平坦袖窿减8针 2-2-4 ／ 12cm (48行) ／ 56行平坦袖窿减8针 2-2-4
平收5针　　平收5针
37cm (148行)
前片 (10号棒针) 花样A
17cm (68行)
4cm (16行)
单罗纹
28cm (94针)

后片

20cm (68针)
3.5cm (12针) ／ 13cm (44针) 平收36针 ／ 3.5cm (12针)
领窝减4针 2-1-4　　领窝减4针 2-1-4
16cm (64行)
50行平坦袖窿减8针 2-2-4 ／ 14cm (56行) ／ 50平坦袖窿减8针 2-2-4
平收5针　　平收5针
后片 (10号棒针) 花样A
17cm (68行)
4cm (16行)
单罗纹
28cm (94针)

袖片

3.5cm (12针)
减20针 2-1-20　　减20针 2-1-20　10cm (40行)
平收4针　18cm (60针)　平收4针
加8针 10-1-8　　加8针 10-1-8
袖片 (10号棒针)
34cm (136行)
20cm (80行)
花样A
单罗纹
4cm (16行)
13cm (44针)

领片

(122针)
双罗纹 (50针)
13cm (52行)
(72针)
领圈挑122针圈织52行双罗纹，最后10行片织形成高领

单罗纹

全下针

花样A

符号说明：

□ 上针
□=□ 下针
▷◁ 右上2针与左下2针交叉
▶◀ 右上1针与左下1针交叉
右上2针与左下1针交叉
2-1-3 行-针-次
编织方向

红色小开衫

【成品规格】	衣长33cm，胸围60cm，肩宽23cm，袖长25cm
【工　具】	0号、1号棒针
【编织密度】	26针×40行=10cm²
【材　料】	红色毛线450g，白色纽扣4枚

按花样A编织，织到14cm处开挂肩，按图解收袖窿、收领。前左片同右，花样A反方向。

2.后片用0号棒针起78针，从下往上织4cm双罗纹，换1号针按花样A编织。

3.袖片用0号棒针起32针，织4cm双罗纹，换针按花样A编织。袖山处按图解编织。

4.前后片、袖片缝合后按图解挑领子，挑门襟，用0号棒针编织双罗纹2cm。按图解钉上纽扣。

5.整理熨烫。

编织要点:

1.前右片用0号棒针起39针织双罗纹4cm，换1号棒针，

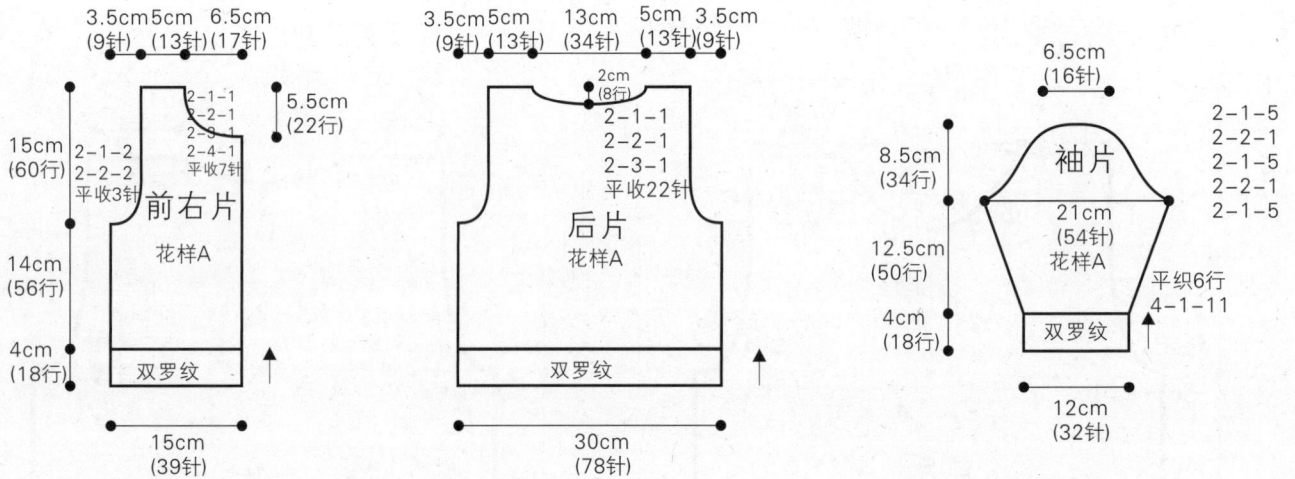

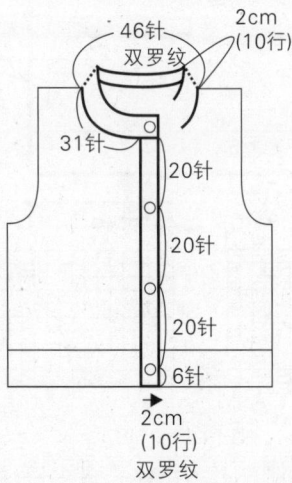

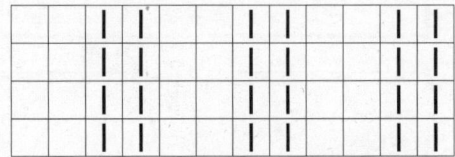

符号说明:

	下针
□	上针

左上6针麻花

双罗纹

花样A

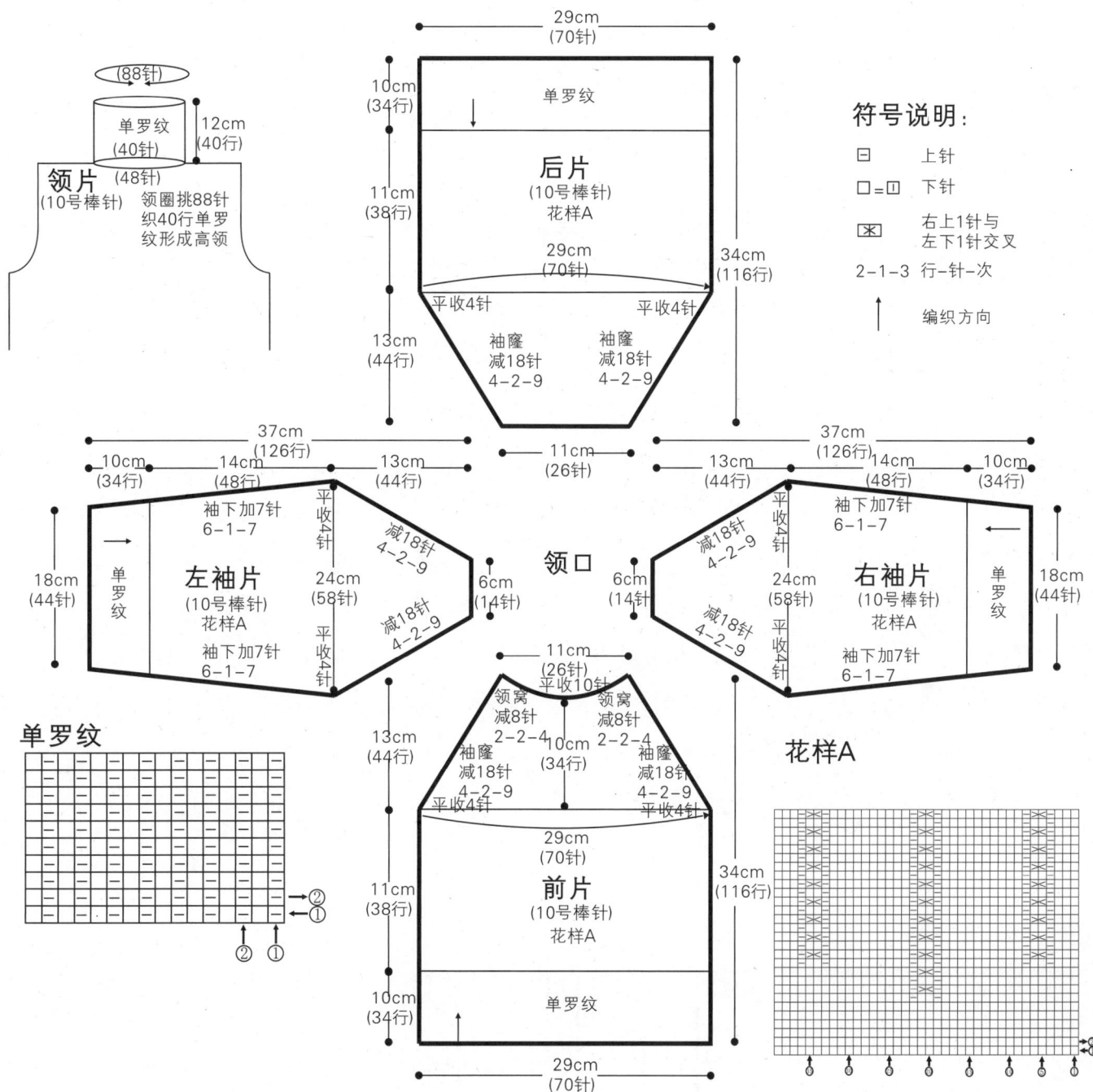

简约高领长袖装

【成品规格】	衣长34cm，下摆宽29cm，连肩袖长37cm
【工　　具】	10号棒针，缝衣针
【编织密度】	24针×34行=10cm²
【材　　料】	绿色段染羊毛线400g

编织要点:

1. 毛衣用棒针编织，由1片前片、1片后片、2片袖片组成，从下往上编织。

2. 先编织前片。(1) 用下针起针法，起70针，先织34行单罗纹后，改织花样A，侧缝不用加减针，织38行至插肩袖窿。(2) 袖窿以上的编织。两边各平收4针后，进行袖窿减针，方法是每4行减2减9次，各减18针，织44行至顶部。(3)同时织至从袖窿算起34行时，进行领窝减针，中间平收10针，然后两边各减8针，方法是每2行减2针减4次，织肩部针数减完。

3. 编织后片。编织方法与前片一样，但是后片不用开领窝，织至顶部余26针。

4. 编织袖片。用下针起针法，起44针，先织34行单罗纹后，改织花样A，两边袖下加针，方法是每6行加1针加7次，织至48行开始插肩减针，两边各平收4针后减针，方法是每4行减2针减9次，至顶部余14针，同样方法编织另一袖，收针断线。

5. 缝合。将前片的侧缝与后片的侧缝对应缝合。袖片的袖下分别缝合，袖片的插肩部与衣片的插肩部缝合。

6. 领片编织。领圈边挑88针，圈织40行单罗纹，形成高领。毛衣编织完成。

领片
(10号棒针)
(88针)
单罗纹 (40针)
12cm(40行)
(48针)
领圈挑88针
织40行单罗纹形成高领

后片
(10号棒针)
花样A
29cm(70针)
10cm(34行) 单罗纹
11cm(38行)
29cm(70针)
34cm(116行)
平收4针　平收4针
13cm(44行)
袖窿减18针 4-2-9

左袖片
(10号棒针)
花样A
37cm(126行)
10cm(34行) 单罗纹
14cm(48行) 袖下加7针 6-1-7
13cm(44行)
平收4针
24cm(58针)
减18针 4-2-9
18cm(44针)
袖下加7针 6-1-7

右袖片
(10号棒针)
花样A
37cm(126行)
13cm(44行)
14cm(48行) 袖下加7针 6-1-7
10cm(34行) 单罗纹
减18针 4-2-9
平收4针
24cm(58针)
18cm(44针)
袖下加7针 6-1-7

领口
11cm(26针)
6cm(14针)　6cm(14针)

前片
(10号棒针)
花样A
11cm(26针) 平收10针
领窝减8针 2-2-4　领窝减8针 2-2-4
10cm(34行)
袖窿减18针 4-2-9　袖窿减18针 4-2-9
平收4针　平收4针
29cm(70针)
13cm(44行)
11cm(38行)
10cm(34行) 单罗纹
29cm(70针)
34cm(116行)

单罗纹
②→ ①→
② ①

花样A

符号说明:

符号	说明
□	上针
□=□	下针
⊠	右上1针与左下1针交叉
2-1-3	行-针-次
↑	编织方向

精致套头毛衣

【成品规格】 胸围50cm，衣长38cm，袖长38cm

【工　　具】 2号、3号棒针

【编织密度】 下针：21针×28行=10cm²
　　　　　　 花样：26针×28行=10cm²

【材　　料】 玫红色毛线550g

编织要点：

1.前片用2号棒针起64针，从下往上织双罗纹4cm，换3号棒针织花样A，按图解开斜肩、开领子。

2.后片起针同前片，换针后织下针，参照图解编织。

3.衣袖起26针，挂肩减针等按图解编织。

4.前后片、衣袖缝合后，挑领边，清洗，熨烫。

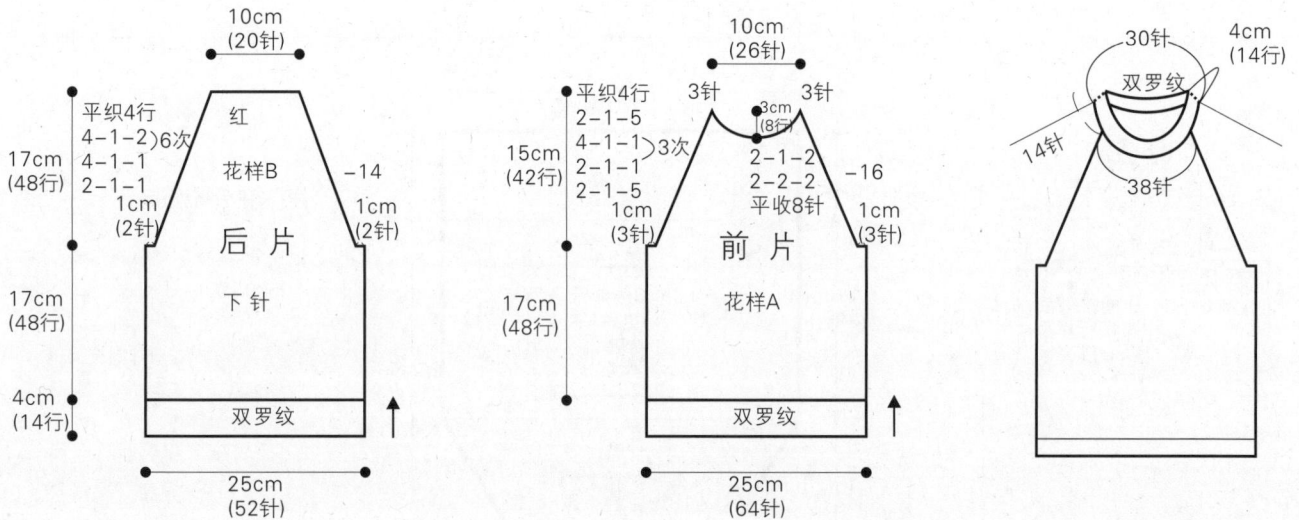

后片

- 10cm（20针）
- 平织4行
- 4-1-2）6次
- 4-1-1
- 2-1-1
- 1cm（2针）
- 红 花样B
- -14
- 1cm（2针）
- 17cm（48行）
- 17cm（48行）
- 下针
- 4cm（14行）
- 双罗纹
- 25cm（52针）

前片

- 10cm（26针）
- 平织4行
- 2-1-5
- 4-1-1）3次
- 2-1-1
- 2-1-5
- 1cm（3针）
- 3针　3cm（8行）　3针
- 2-1-2
- 2-2-2
- 平收8针
- -16
- 1cm（3针）
- 15cm（42行）
- 17cm（48行）
- 花样A
- 双罗纹
- 25cm（64针）

- 30针
- 4cm（14行）
- 双罗纹
- 14针
- 38针

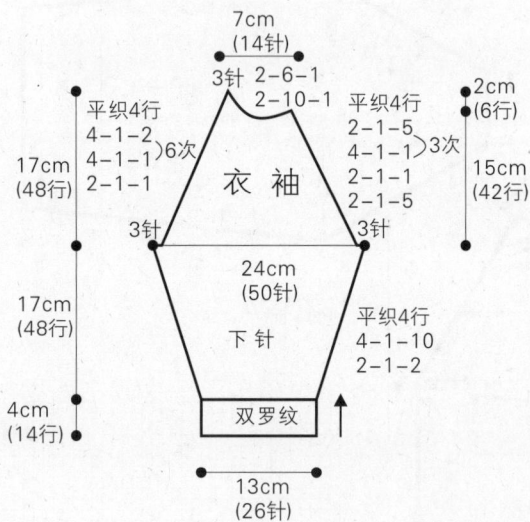

衣袖

- 7cm（14针）
- 3针 2-6-1
- 2-10-1
- 平织4行
- 2-1-5
- 4-1-1）3次
- 2-1-1
- 2-1-5
- 2cm（6行）
- 3针　　3针
- 平织4行
- 4-1-2）6次
- 4-1-1
- 2-1-1
- 17cm（48行）
- 15cm（42行）
- 24cm（50针）
- 下针
- 平织4行
- 4-1-10
- 2-1-2
- 17cm（48行）
- 4cm（14行）
- 双罗纹
- 13cm（26针）

符号说明：

I	下针
□	上针
O	空针
入 人	2针并1针

3针下针与1针上针相交

左上6针麻花

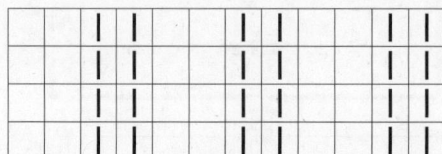

双罗纹

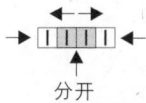

图中2针灰色下针处是分开的，两边分别编织9行，6针麻花再连起来织

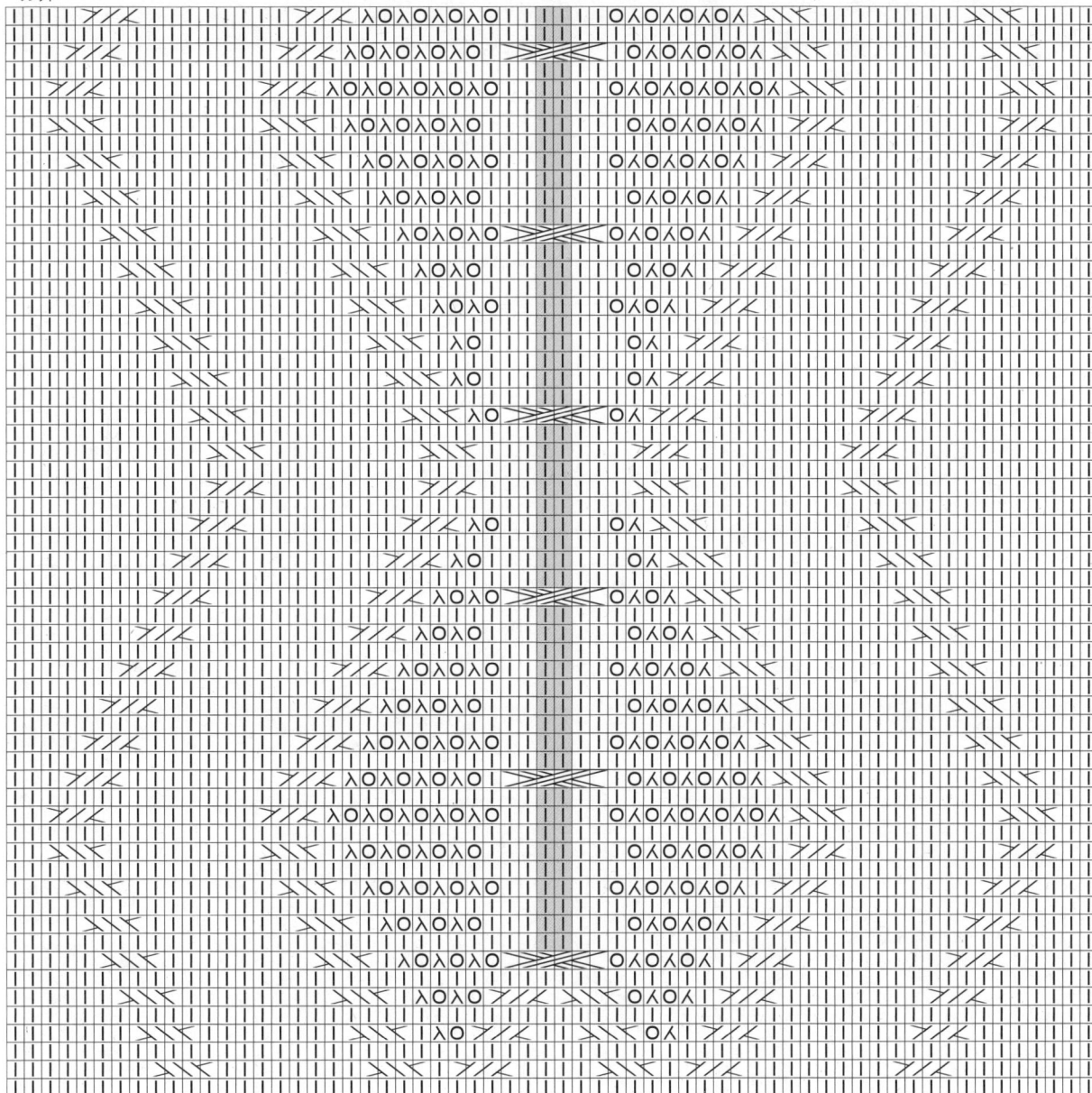

分开

花样A

灰色小背心

【成品规格】 衣长32cm，胸围60cm，肩宽24cm

【工　　具】 0号、1号棒针

【编织密度】 26针×35行＝10cm²

【材　　料】 蓝色毛线300g，纽扣4枚

A4cm，换1号棒针往上花样A的部分织下针，花样B的部分编织（门襟），15cm后，开挂肩，袖口编织花样C，按图解收袖窿、收领子。前左片衣身片织法同右片。

2.后片用0号棒针起80针，从下往上织花样A4cm，换1号棒针后全织下针。最后10行中间织花样B。

3.前后片缝合后钉纽扣4枚。

4.整理熨烫。

编织要点：

1.前右片用0号棒针起40针，8针花样B，32针花样

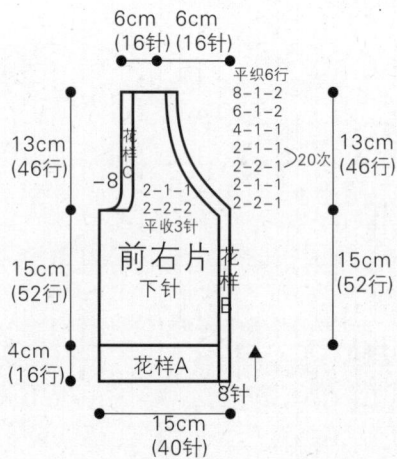

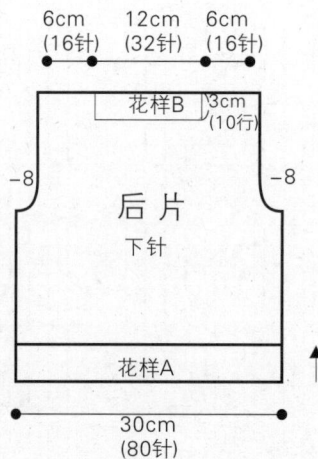

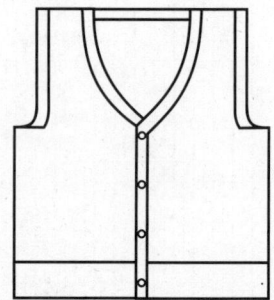

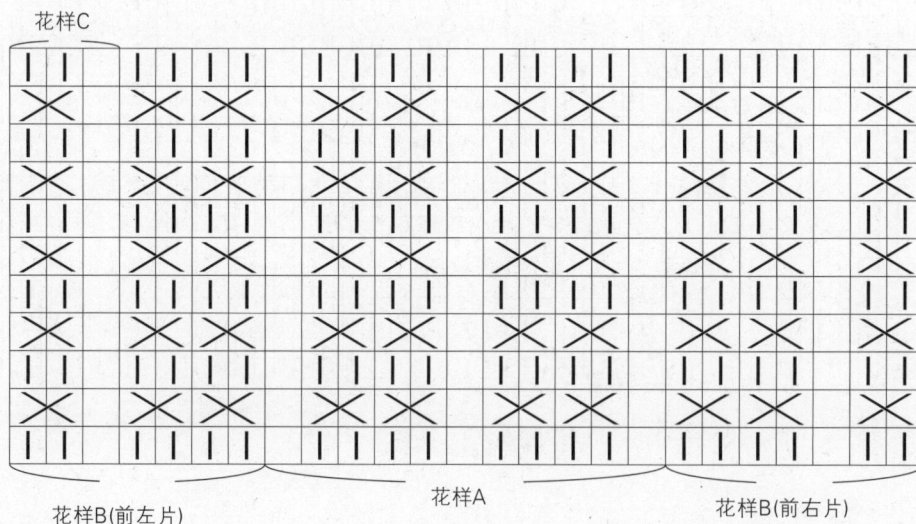

6cm 6cm
(16针)(16针)

平织6行
8-1-2
6-1-2
4-1-1
2-1-1
2-2-1 ⎫20次
2-1-1
2-1-1

13cm
(46行)

花样C

-8

2-1-1
2-2-2
平收3针

13cm
(46行)

15cm
(52行)

前右片
下针

花样B

15cm
(52行)

4cm
(16行)

花样A

8针

15cm
(40针)

6cm 12cm 6cm
(16针)(32针)(16针)

花样B ⎤3cm
　　　(10行)

后片
下针

-8   -8

花样A

30cm
(80针)

花样C

花样B(前左片)

花样A

花样B(前右片)

符号说明：

| 下针

□ 上针

2针麻花

女孩儿高领毛衣

【成品规格】 衣长38cm，胸围60cm，肩宽23cm，衣袖32cm

【工　　具】 1号、5号棒针

【编织密度】 20针×30行=10cm²

【材　　料】 浅蓝色线500g

编织要点：

1.前片用1号棒针起60针，从下往上织单罗纹4cm，换5号棒针织花样B19cm后开挂肩，按图解收针、收领子。

2.后片用1号棒针起60针，从下往上织单罗纹4cm，换5号棒针织上针19cm后开挂肩，后领按图解编织。

3.袖片用1号棒针起24针，从下往上织单罗纹4cm，换5号棒针按图解排花样编织，按图解放针、收袖山。

4.前后片、袖片缝合，领子按图解编织花样A，两头缝合，再与前后衣片缝合。

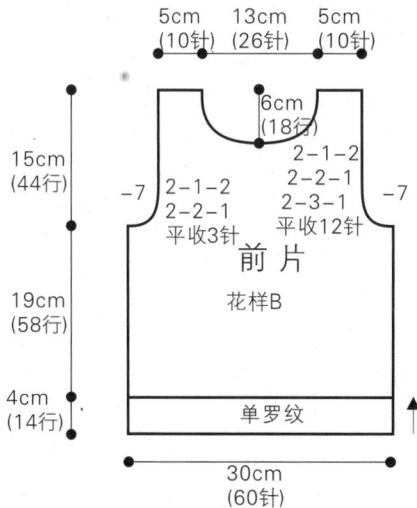

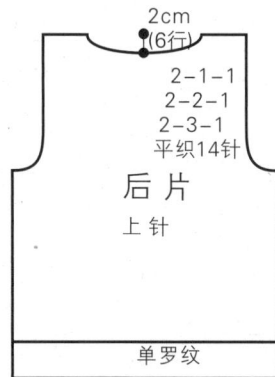

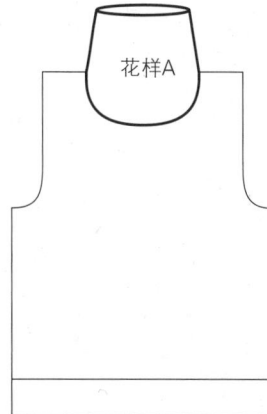

符号说明：

| | 下针

□ 上针

2针下针与1针上针相交

3针下针与1针上针相交

4针麻花

左上6针麻花

★ 缝合

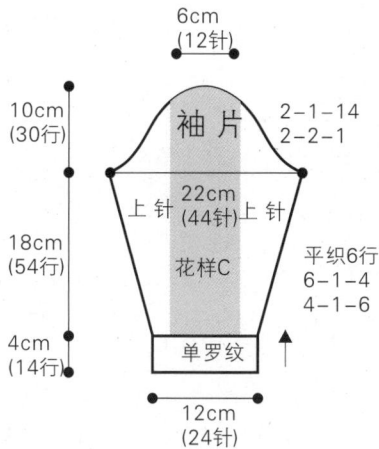

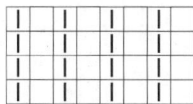

单罗纹

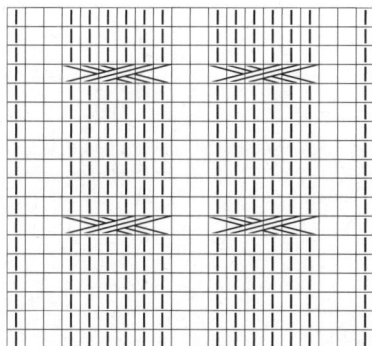

花样A

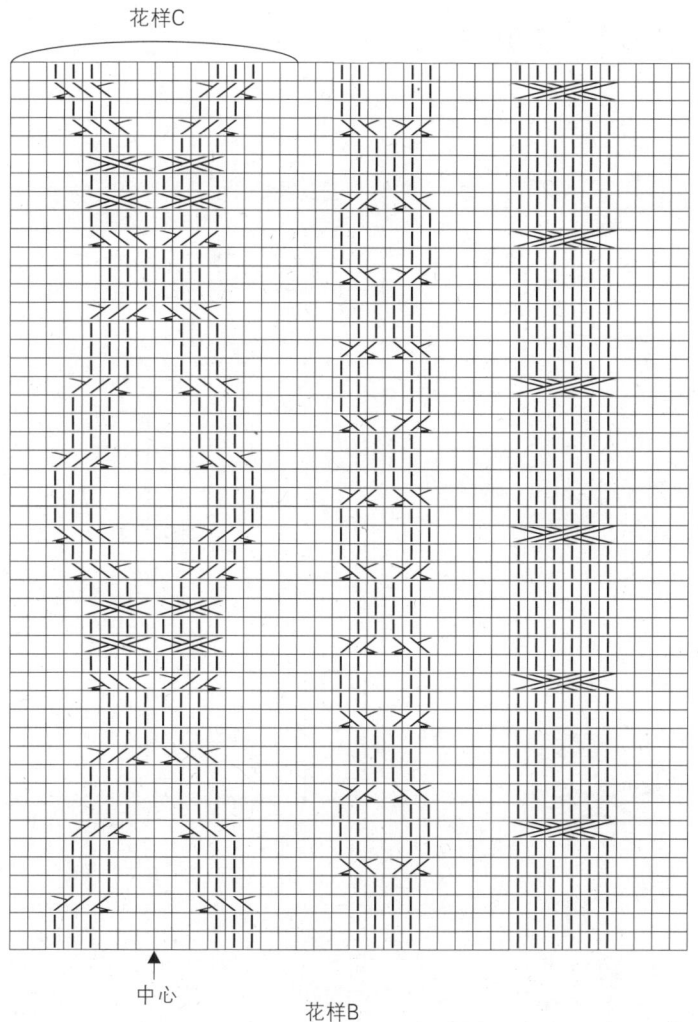

花样C

中心

花样B

橘黄色套头装

【成品规格】	胸围30cm，衣长34cm，袖长33cm
【工　具】	1号、3号棒针
【编织密度】	24针×35行=10cm²
【材　料】	橘黄色毛线450g

编织要点：

1.前片用1号棒针起72针，从下往上织双罗纹3.5cm，换3号棒针织花样A，织13.5cm后收斜肩。斜肩、领部按图解编织。

2.后片起针同前片，织下针。

3.衣袖起36针，挂肩减针等按图解编织。

4.前后片、衣袖缝合后，按图解挑领部，清洗，熨烫。

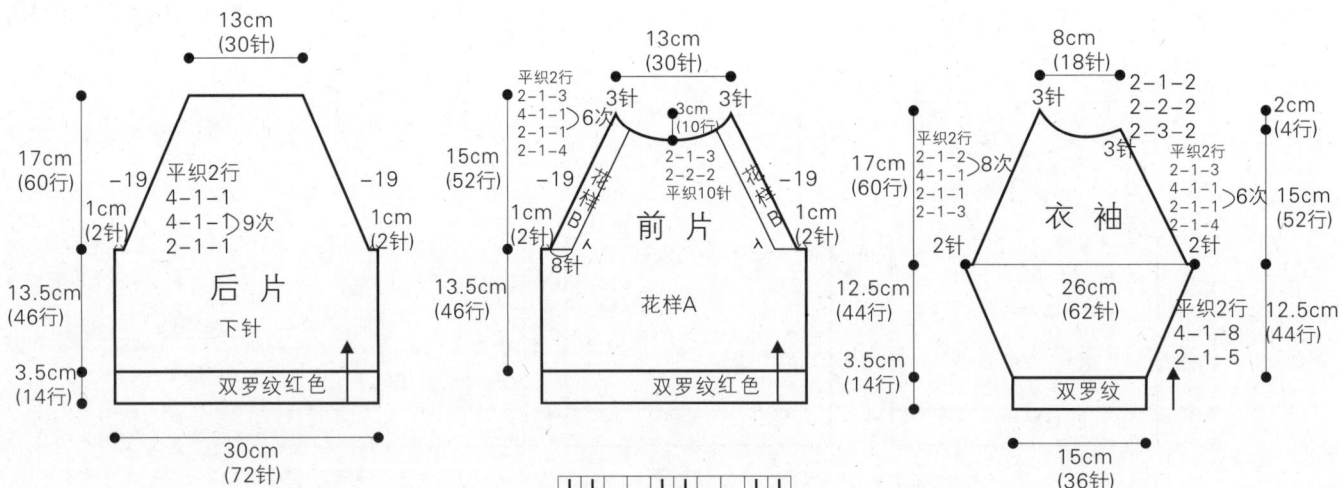

后片

13cm（30针）
17cm（60行）
-19
平织2行
4-1-1
4-1-1 ⟩9次
2-1-1
-19
1cm（2针）
1cm（2针）
13.5cm（46行）
下针
3.5cm（14行）
双罗纹红色
30cm（72针）

前片

13cm（30针）
平织2行
2-1-3
4-1-1
2-1-1 ⟩6次
2-1-4
3针
3针
3cm（10行）
2-1-2
2-2-2
平织10针
15cm（52行）
-19
-19
1cm（2针）
1cm（2针）
8针
花样A
13.5cm（46行）
双罗纹红色

衣袖

8cm（18针）
3针
3针
2-1-2
2-2-2
2-3-2
2cm（4行）
17cm（60行）
平织2行
2-1-2
2-1-1
2-1-1
2-1-3 ⟩8次
平织2行
2-1-3
4-1-1
2-1-1
2-1-4 ⟩6次
15cm（52行）
2针
2针
12.5cm（44行）
12.5cm（44行）
26cm（62针）
平织2行
4-1-8
2-1-5
双罗纹
15cm（36针）

双罗纹

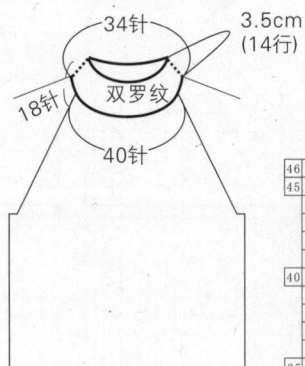

34针
3.5cm（14行）
18针
双罗纹
40针

花样B

符号说明：

I	下针
	上针

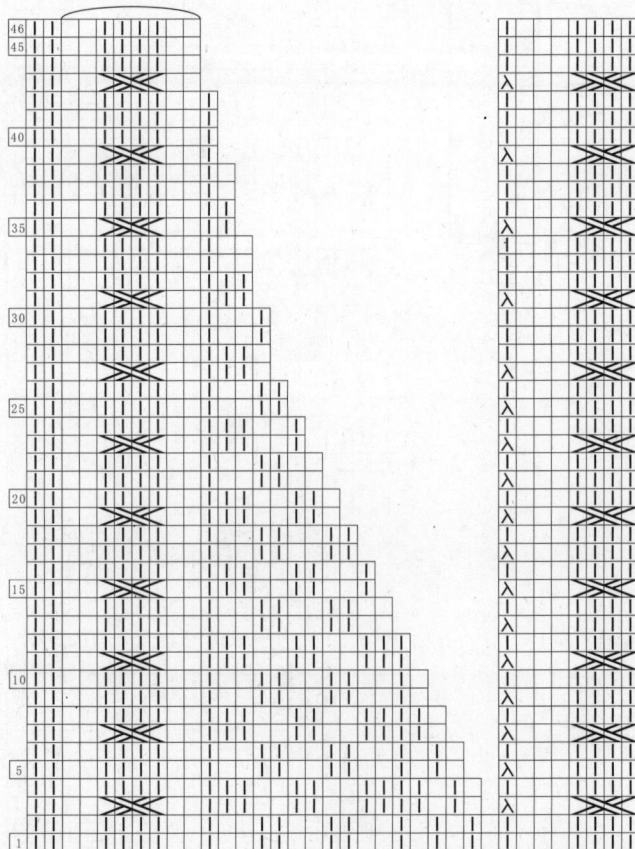

前片中心

花样A

心形套头毛衣

【成品规格】	胸围58cm，衣长46cm，袖长46cm
【工　　具】	3号棒针
【编织密度】	36针×40行=10cm²
【材　　料】	绿色毛线550g

编织要点:

1.前片用3号棒针起104针，从下往上织双罗纹38针、花样A28针、双罗纹38针，编织29cm后开斜肩，斜肩和收领参照图解。

2.后片用3号棒针起104针，从下往上织双罗纹29cm，开斜肩，参照图解。

3.衣袖用3号棒针起54针，织双罗纹，两边放针、收袖山按图解编织。

4.前后片、衣袖缝合后，3号棒针挑领边，织双罗纹12cm。

5.清洗，熨烫。

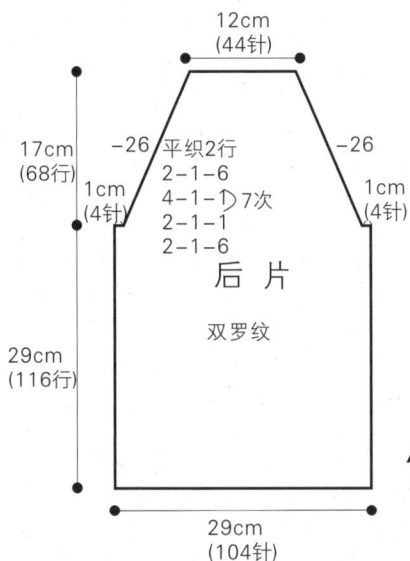

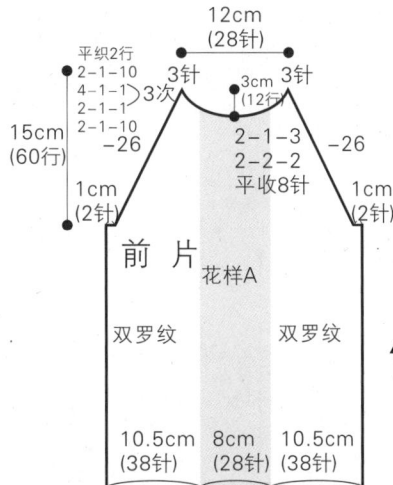

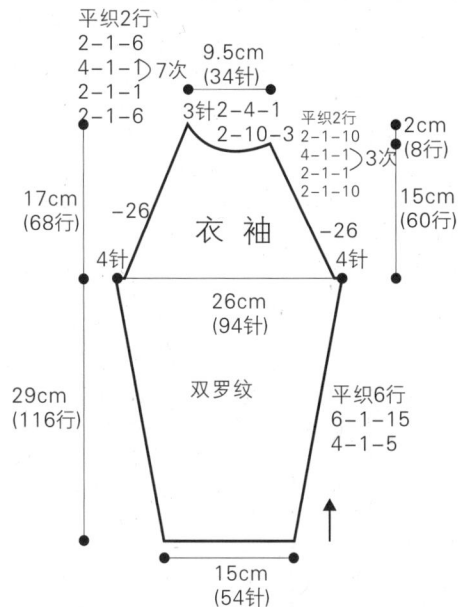

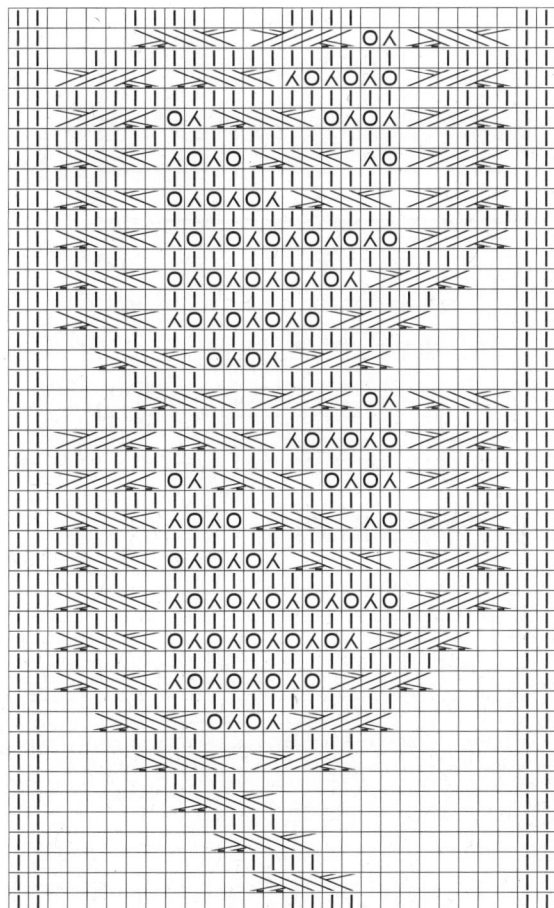

花样A

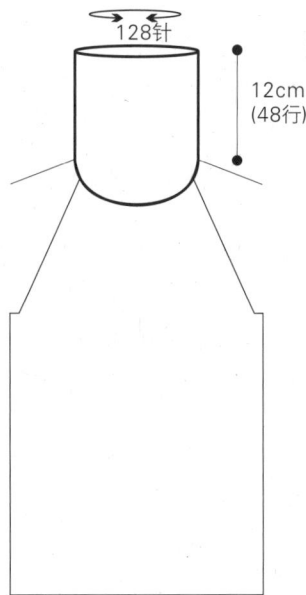

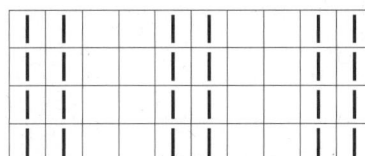

双罗纹

符号说明：

Ⅰ		下针
□		上针
O		空针
人		左上2针并1针

4针下针与2针上针绞

粉色复古毛衣

【成品规格】 衣长38cm，下摆宽33cm，肩宽29cm

【工　　具】 10号棒针，缝衣针，钩针

【编织密度】 22针×30行=10cm²

【材　　料】 粉色羊毛线400g，钩织花朵若干

编织要点:

1. 毛衣用棒针编织，由1片前片、1片后片、2片袖片组成，从下往上编织。

2. 先编织前片。(1) 用下针起针法起72针，先织16行单罗纹后，改织花样A，侧缝不用加减针，织50行至袖隆。(2) 袖隆以上的编织。两边袖隆平收4针后，不加不减织48行至肩部。(3) 同时织至袖隆算起30行时，开始开领窝，中间平收10针，然后两边减针，方法是每2行

减2针减3次，每2行减1针减6次，各减12针，至肩部余15针。

3. 编织后片。(1) 用下针起针法起72针，先织16行单罗纹后，改织花样A，侧缝不用加减针，织50行至袖隆。(2) 袖隆以上的编织。两边袖隆平收5针，不加不减织48行至肩部。

(3) 同时织至袖隆算起42行时，开始开领窝，中间平收28针，然后两边减针，方法是每2行减1针减3次，各减3针，至肩部余15针。

4. 袖片编织。用下针起针法，起40针，先织16行单罗纹后，改织花样A，袖下加针，方法是每6行加1针加12次，织至90行时余64针，收针断线。同样方法编织另一袖片。

5. 缝合。将前片的侧缝与后片的侧缝对应缝合。前片的肩部与后片的肩部缝合，两边袖片的袖下缝合后，分别与衣片的袖边缝合。

6. 领片编织。领圈边挑104针，圈织8行单罗纹，形成圆领。

7. 前片缝上钩织的花朵，毛衣编织完成。

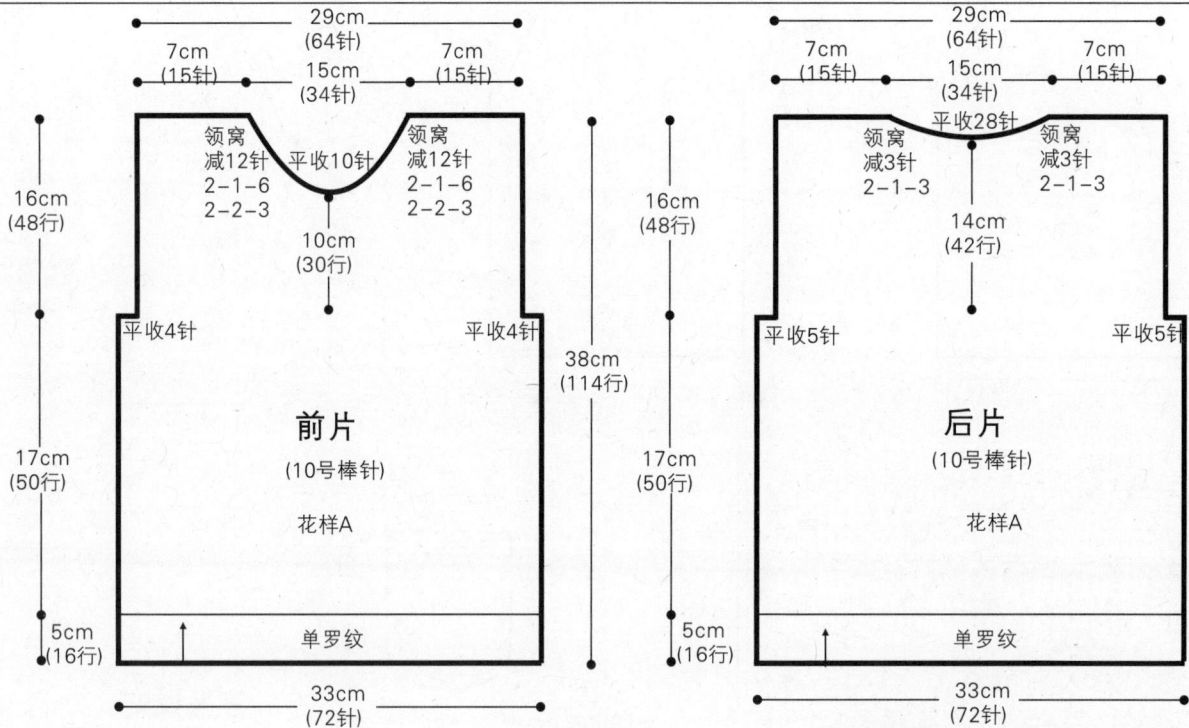

前片 (10号棒针) 花样A

- 29cm (64针)
- 7cm (15针)
- 15cm (34针)
- 7cm (15针)
- 领窝 减12针 2-1-6 2-2-3
- 平收10针
- 10cm (30行)
- 平收4针
- 16cm (48行)
- 17cm (50行)
- 5cm (16行)
- 单罗纹
- 38cm (114行)
- 33cm (72针)

后片 (10号棒针) 花样A

- 29cm (64针)
- 7cm (15针)
- 15cm (34针)
- 7cm (15针)
- 平收28针
- 领窝 减3针 2-1-3
- 14cm (42行)
- 平收5针
- 16cm (48行)
- 17cm (50行)
- 5cm (16行)
- 单罗纹
- 33cm (72针)

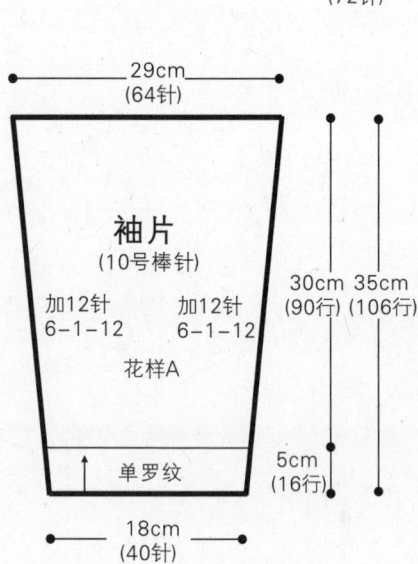

袖片 (10号棒针) 花样A

- 29cm (64针)
- 加12针 6-1-12
- 30cm (90行)
- 35cm (106行)
- 单罗纹
- 5cm (16行)
- 18cm (40针)

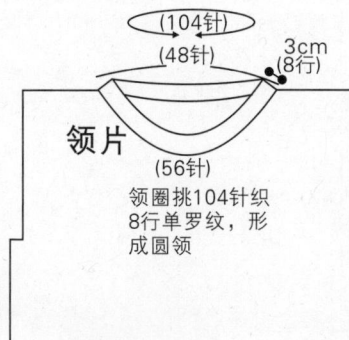

领片

- (104针)
- (48针)
- 3cm (8行)
- (56针)
- 领圈挑104针织8行单罗纹，形成圆领

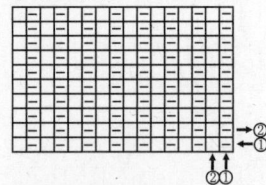
单罗纹

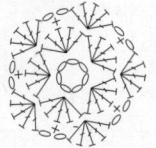
钩花

前片图案

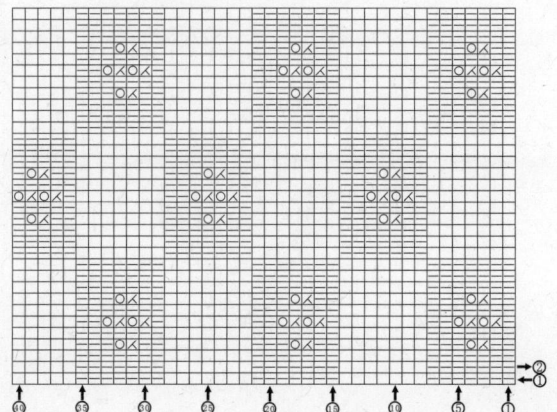

符号说明:

- □ 上针
- □=① 下针
- ⊠ 右并针
- ◎ 镂空针
- ＋ 短针
- ↑ 长针
- ∞ 锁针
- 2-1-3 行-针-次
- ↑ 编织方向

墨绿色高领毛衣

【成品规格】 胸围30cm，衣长48cm，袖长48cm

【工　　具】 3号、5号棒针

【编织密度】 下针：24针×35行=10cm²
　　　　　　 前片花样：31针×38行=10cm²

【材　　料】 墨绿色毛线550g

编织要点：

1.前片用3号棒针起94针，从下往上织双罗纹4cm，换

5号棒针织花样A，27cm后开斜肩，斜肩、领子收针参照图解。

2.后片用3号棒针起72针，从下往上织双罗纹4cm，换5号棒针织下针，27cm后开斜肩，斜肩收针参照图解，剩30针平收。

3.衣袖起36针，挂肩减针等按图解编织。

4.前后片、衣袖缝合后，挑领边，清洗，熨烫。

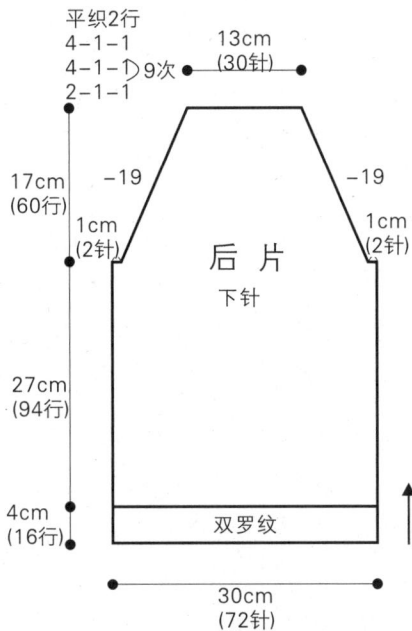

后 片
下针

平织2行
4-1-1
4-1-1)9次
2-1-1
13cm
(30针)
17cm
(60行)
−19
−19
1cm
(2针)
1cm
(2针)
27cm
(94行)
4cm
(16行)
双罗纹
30cm
(72针)

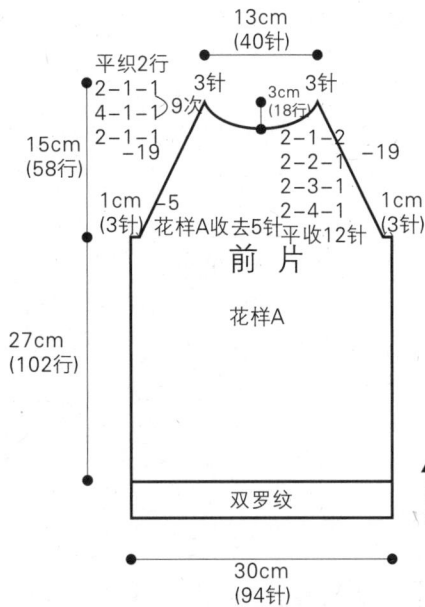

前 片
花样A

平织2行
2-1-1
4-1-1)9次
2-1-1
−19
13cm
(40针)
3针
3cm
(18针)
3针
15cm
(58行)
2-1-1
2-2-1
2-3-1
2-4-1
−19
1cm
(3针)
1cm
(3针)
花样A收去5针
平收12针
27cm
(102行)
双罗纹
30cm
(94针)

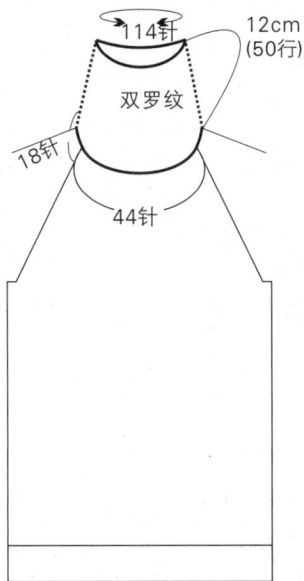

114针
12cm
(50行)
双罗纹
18针
44针

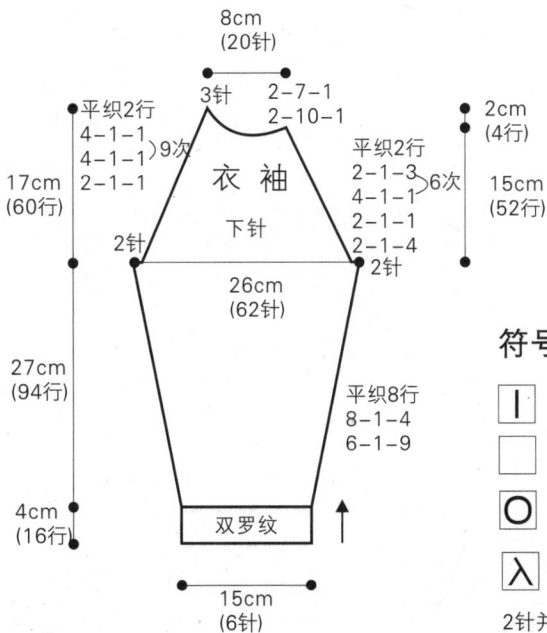

衣 袖
下针

8cm
(20针)
3针
2-7-1
2-10-1
平织2行
4-1-1
4-1-1)9次
2-1-1
17cm
(60行)
2针
平织2行
2-1-3
4-1-1)6次
2-1-1
2-1-1
2针
2cm
(4行)
15cm
(52行)
26cm
(62针)
27cm
(94行)
平织8行
8-1-4
6-1-9
双罗纹
15cm
(6针)

符号说明：

Ⅰ	下针
□	上针
O	空针
入 人	2针并1针

6针麻花

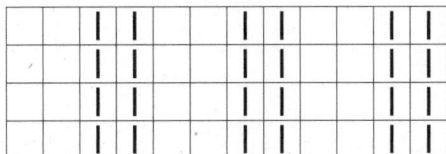

双罗纹

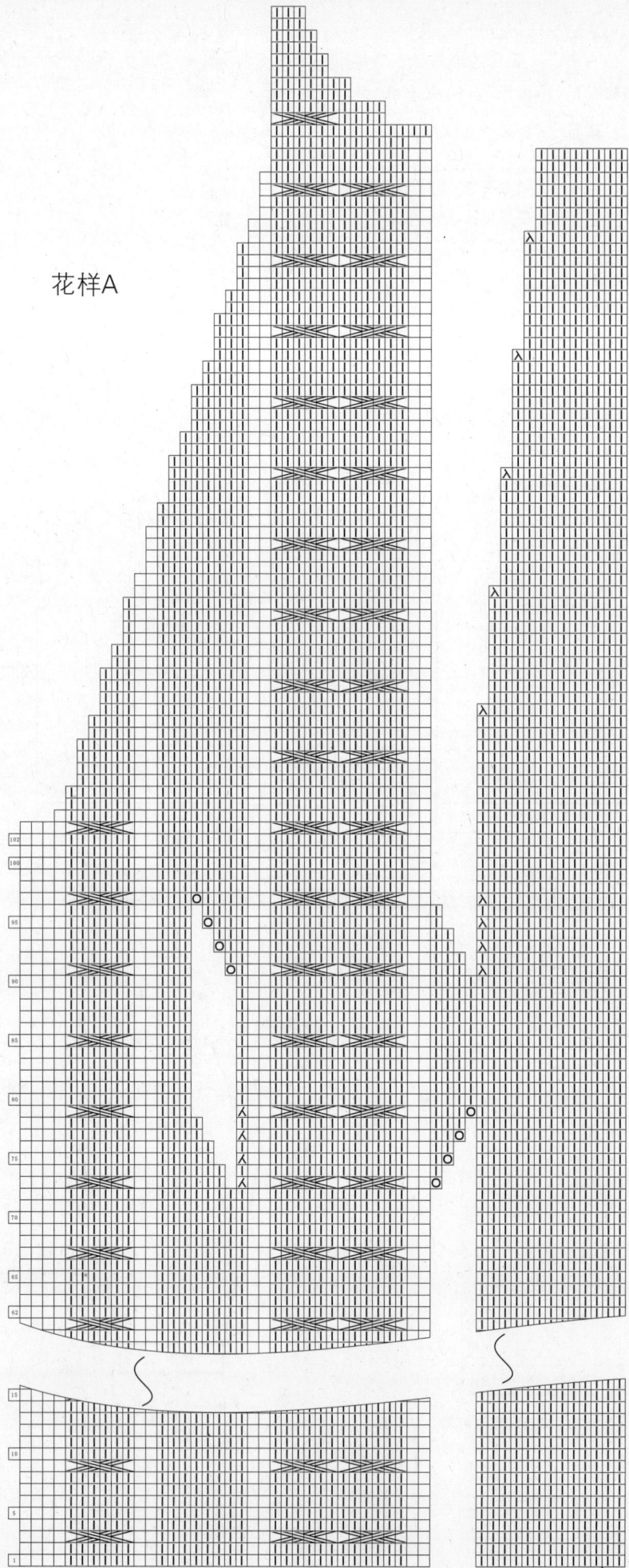

花样A

前片中心

前片中心

100

灰色精致小开衫

【成品规格】 衣长30cm，下摆宽32cm，连肩袖长32cm

【工　　具】 10号棒针，绣花针

【编织密度】 26针×36行=10cm²

【材　　料】 灰色羊毛线400g，纽扣5枚

编织要点：

1. 毛衣用棒针编织，由2片前片、1片后片、2片袖片组成，从下往上编织。

2. 先编织前片。(1) 左前片。用下针起针法，起42针，织花样A，门襟8针织单罗纹，侧缝不用加减针，织64行至插肩袖窿。(2) 袖窿以上的编织。袖窿减22针，方法是每4行减2减11次，织44行至肩部。(3) 同时从插肩袖窿算起，织至36行时，开始领窝减针，门襟的8针留针不织，然后减针，方法是每2行减3减4次，织至肩部全部针数收完。同样方法编织右前片。

3. 编织后片。(1) 用下针起针法，起84针，织花样A，侧缝不用加减针，织64行至插肩袖窿。(2) 袖窿以上的编织。两边袖窿减22针，方法是每4行减2针减11次，领窝不用减针，织44行余30针。

4. 编织袖片。用下针起针法，起44针，织花样A，两边袖下加针，方法是每12行加1针加6次，织至72行时，开始两边插肩减针，方法是每4行减2针减22次，至肩部余14针，同样方法编织另一袖。

5. 缝合。将前片的侧缝与后片的侧缝对应缝合。袖片的袖下分别缝合，袖片的插肩部与衣片的插肩部缝合。

6. 领圈边挑94针，同时把门襟留针不收的8针一起编织，织10行双罗纹，形成开襟圆领。

7. 装饰缝上纽扣，毛衣编织完成。

花样A

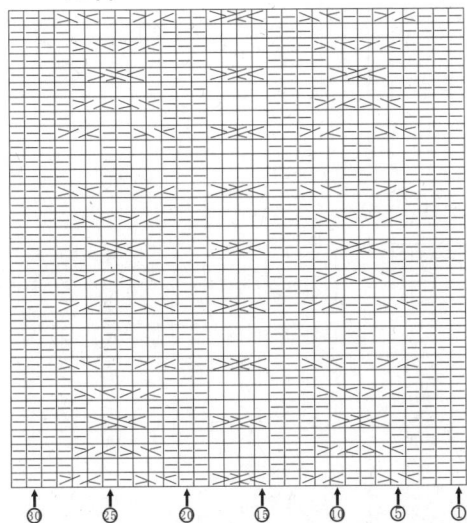

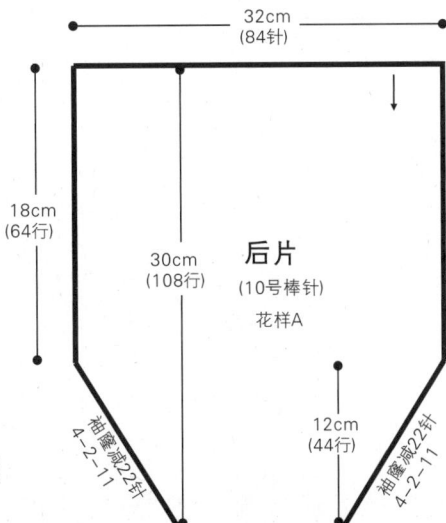

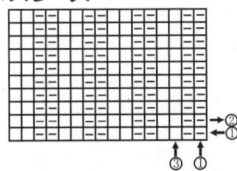

双罗纹

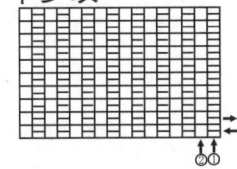

单罗纹

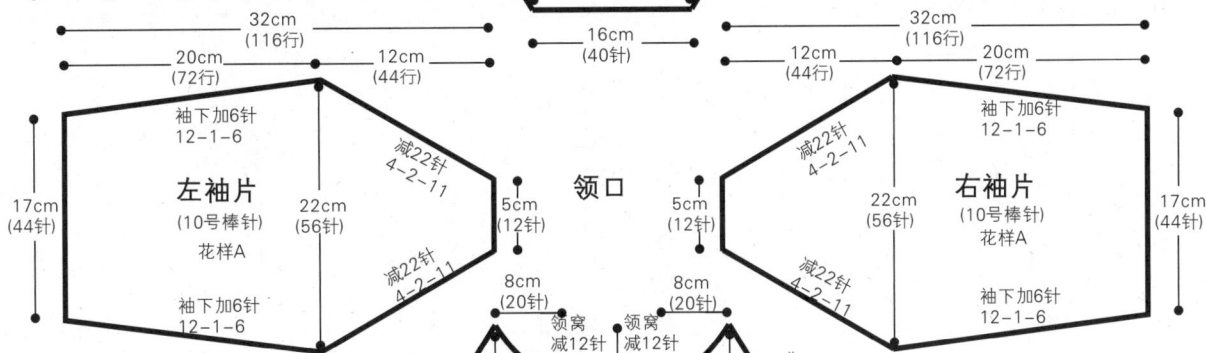

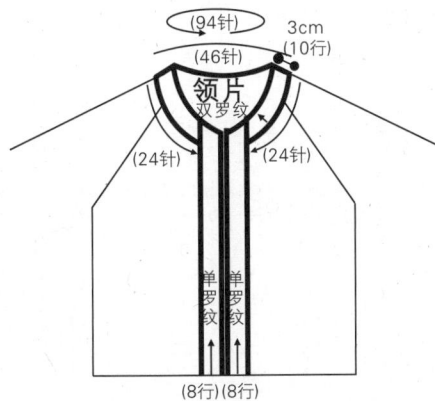

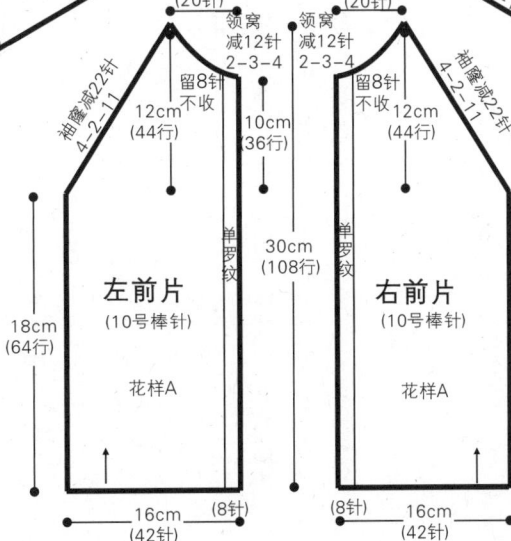

符号说明：

□ 上针
□=□ 下针

右上2针与左下2针交叉
右上2针与左下1针交叉

2-1-3 行-针-次

↑ 编织方向

101

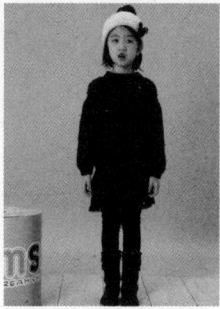

秀气长袖装

【成品规格】 衣长40cm，胸围30cm，袖长30cm

【工 具】 3号、5号棒针

【编织密度】 下针：24针×35行=10cm²

【材 料】 墨绿色毛线550g

编织要点：

1.前片用3号棒针起72针，从下往上织花样A3cm，换

5号棒针按图解中间42针织花样B，两边织下针，20cm后开斜肩，斜肩、领子收针参照图解。

2.后片用3号棒针起72针，从下往上织花样A3cm，换5号针织下针，20cm后开斜肩，斜肩收针参照图解。

3.衣袖起36针，挂肩减针等按图解编织。

4.圆肩部分起44针参照图解花样C编织。

5.前后片、圆肩、衣袖缝合后，挑领边织花样A4cm，清洗，熨烫。

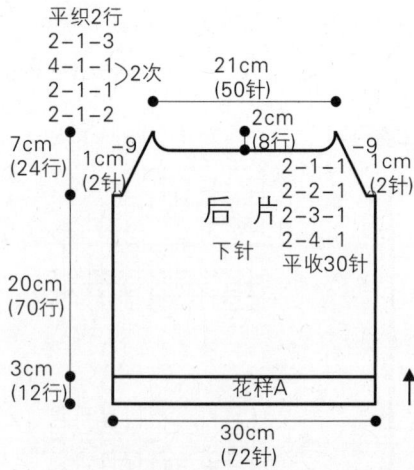

平织2行
2-1-3
4-1-1 ┐
2-1-1 ┘2次
2-1-2

21cm
(50针)

7cm
(24行)

2cm
(8行)

1cm
(2针)

-9

-9

1cm
(2针)

2-1-1
2-2-1
2-3-1
2-4-1
平收30针

后 片
下针

20cm
(70行)

3cm
(12行)

花样A

30cm
(72针)

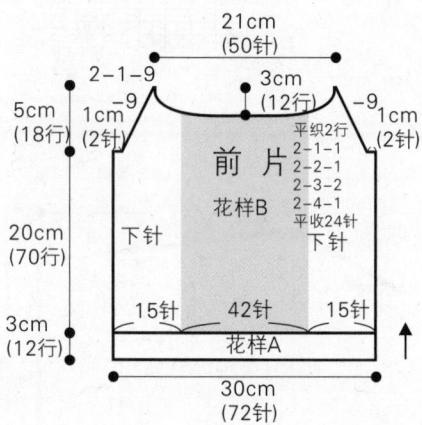

21cm
(50针)

2-1-9

3cm
(12行)

5cm
(18行)

1cm
(2针)

-9

-9

1cm
(2针)

前 片
花样B

平织2行
2-1-1
2-2-1
2-3-2
2-4-1
平收24针

下针

下针

15针   42针   15针

花样A

30cm
(72针)

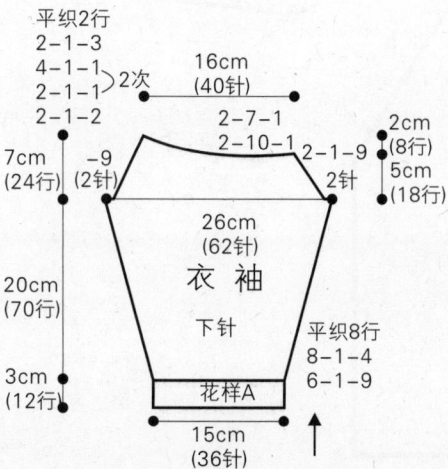

平织2行
2-1-3
4-1-1 ┐
2-1-1 ┘2次
2-1-2

16cm
(40针)

2-7-1
2-10-1

2cm
(8行)

7cm
(24行)

-9
(2针)

2-1-9

2针

5cm
(18行)

26cm
(62针)

衣 袖
下针

20cm
(70行)

平织8行
8-1-4
6-1-9

3cm
(12行)

花样A

15cm
(36针)

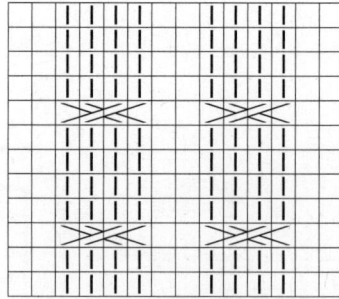

花样A

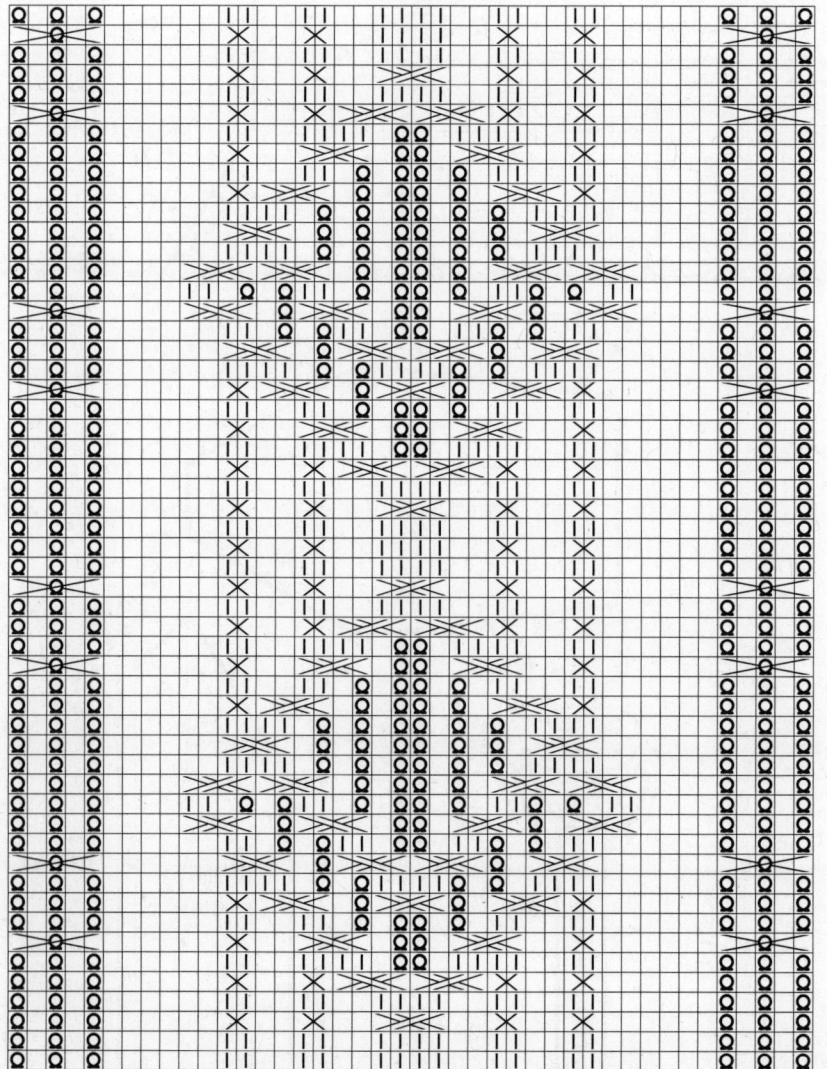

花样B

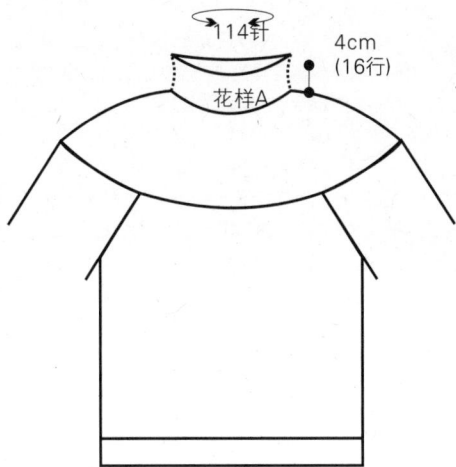

114针

4cm
(16行)

花样A

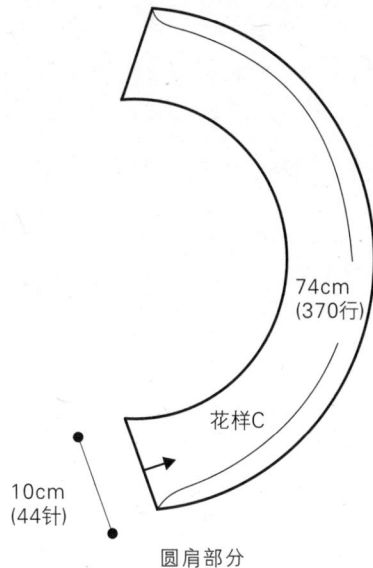

74cm
(370行)

花样C

10cm
(44针)

圆肩部分

符号说明：

| | 下针

□ 上针

Ω 扭针

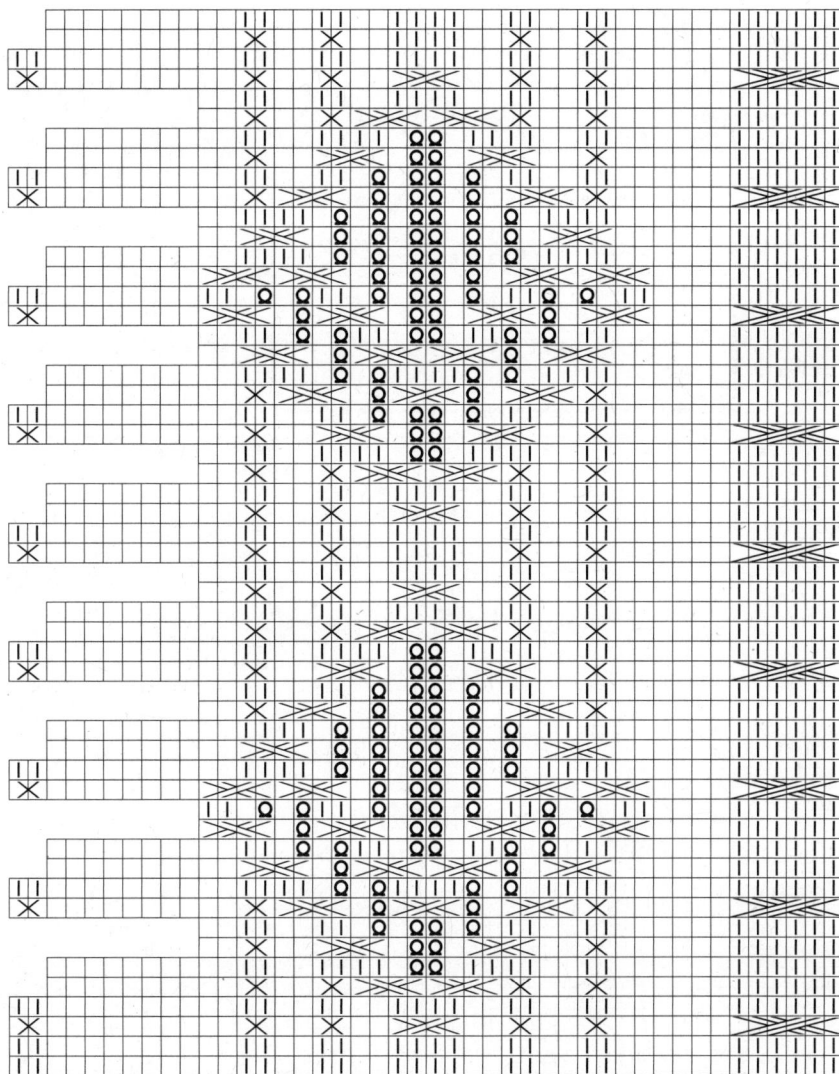

2针绞花

6针绞花

2针下针与1针上针绞

2针下针与1针下针绞

左下针与右下针绞

4针绞花

花样C

蓝色短袖装

【成品规格】 衣长32cm，下摆宽28cm，肩宽23cm

【工　　具】 10号棒针，缝衣针，钩针

【编织密度】 26针×38行=10cm²

【材　　料】 浅蓝色羊毛线400g

编织要点：

1. 毛衣用棒针编织，由1片前片、1片后片、2片袖片组成，从下往上编织。

2. 先编织前片。(1)用下针起针法起72针，编织花样A，侧缝不用加减针，织68行至袖窿。(2)袖窿以上的编织。两边袖窿平收4针后减针，方法是每2行减2针减4次，各减8针，不加不减织46行至肩部。(3)同时从袖窿算起织至30行时，开始开领窝，中间平收16针，然后两边减针，方法是每2行减1针减6次，各减6针，不加不减织12行，至肩部余10针。

3. 编织后片。(1)用下针起针法起72针，编织花样A，侧缝不用加减针，织68行至袖窿。(2)袖窿以上的编织。两边袖窿平收4针后减针，方法是每2行减2针减4次，各减8针，不加不减织46行至肩部。(3)同时从袖窿算起至46行时，开始开领窝，中间平收20针，然后两边减针，方法是每2行减1针减4次，至肩部余10针。

4. 袖片编织。用下针起针法，起56针，织花样B，袖下加针，方法是每2行加1针加2次，织至12行时，两边平收4针，开始袖山减针，方法是每2行减3针减2次，每2行减2针减2次，每2行减1针减8次，至顶部余16针。

5. 缝合。将前片的侧缝与后片的侧缝对应缝合。前片的肩部与后片的肩部缝合，两边袖片的袖下缝合后，分别与衣片的袖边缝合。

6. 领片编织。领圈边用钩针钩织花边，形成圆领。

7. 下摆用钩针钩织花边。毛衣编织完成。

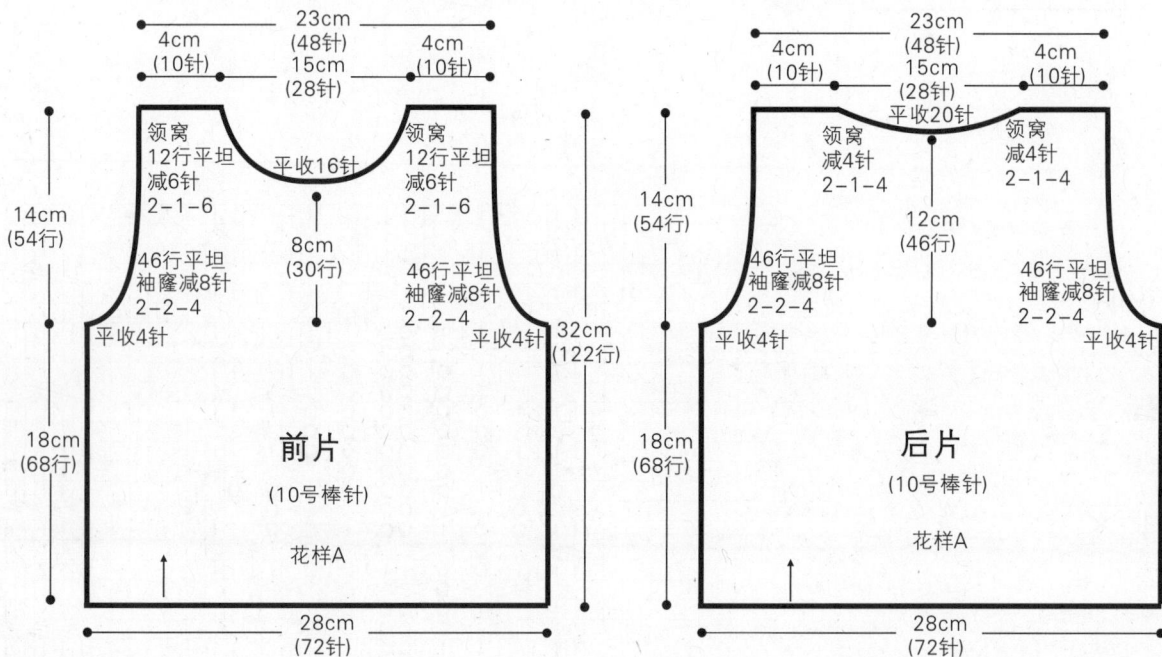

前片（10号棒针）花样A

后片（10号棒针）花样A

符号说明：

□	上针	☒	右并针
□=Ⅰ	下针	◎	镂空针
☒	中上3针并1针	2-1-3	行-针-次
☒	左并针	↑	编织方向

领圈用钩针钩织花边形成圆领

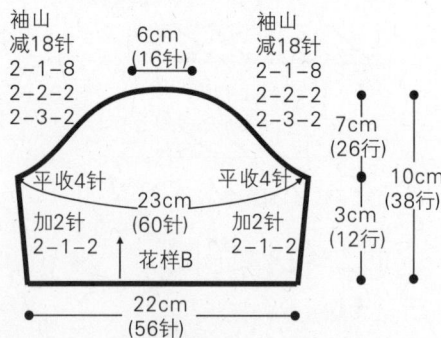

袖片（10号棒针）

花样A

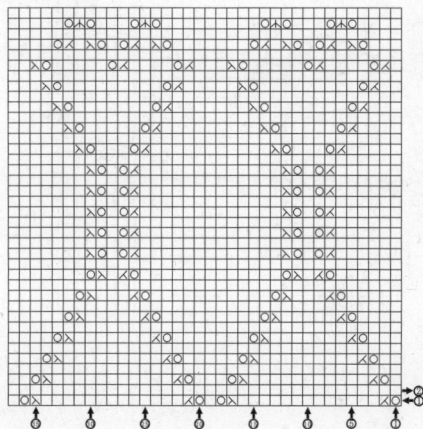

花样B

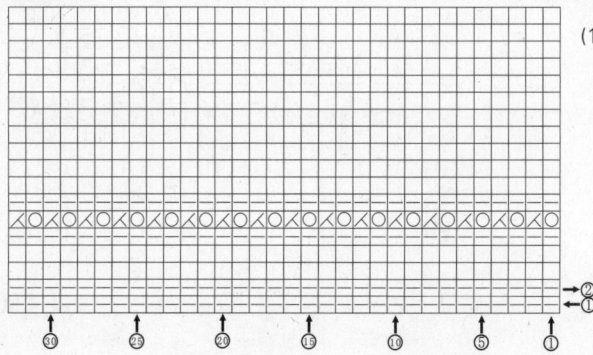

单罗纹

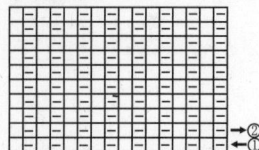

可爱猫咪毛衣

【成品规格】	衣长34cm，下摆宽31cm，肩宽26cm
【工　　具】	10号棒针，缝衣针
【编织密度】	22针×30行=10cm²
【材　　料】	灰色羊毛线400g，黑色线少许，装饰片两片

开领窝，中间平收14针，然后两边减针，方法是每4行减2针减4次，各减8针，至肩部余14针。

3. 编织后片。(1) 用下针起针法起68针，先织10行花样A后，改织全下针，侧缝不用加减针，织50行至袖窿。(2)袖窿以上的编织。两边袖窿平收5针，不加不减织42行至肩部。(3) 同时织至袖窿算起34行时，开始开领窝，中间平收22针，然后两边减针，方法是每2行减1针减4次，至肩部余14针。

4. 袖片编织。用下针起针法，起40针，先织10行花样A后，改织全下针，袖下加针，方法是每6行加1针加12次，织至74行时余64针，收针断线。同样方法编织另一袖片。

5. 缝合。将前片的侧缝与后片的侧缝对应缝合。前片的肩部与后片的肩部缝合，两边袖片的袖下缝合后，分别与衣片的袖边缝合。

6. 领片编织。领圈边挑84针，圈织10行花样A，形成圆领。

7. 用缝衣针绣上前片图案和装饰片，毛衣编织完成。

编织要点：

1. 毛衣用棒针编织，由1片前片、1片后片、2片袖片组成，从下往上编织。

2. 先编织前片。(1) 用下针起针法起68针，先织10行花样A后，改织全下针，侧缝不用加减针，织50行至袖窿。(2) 袖窿以上的编织。两边袖窿平收5针后，不加不减织42行至肩部。(3) 同时织至袖窿算起24行时，开始

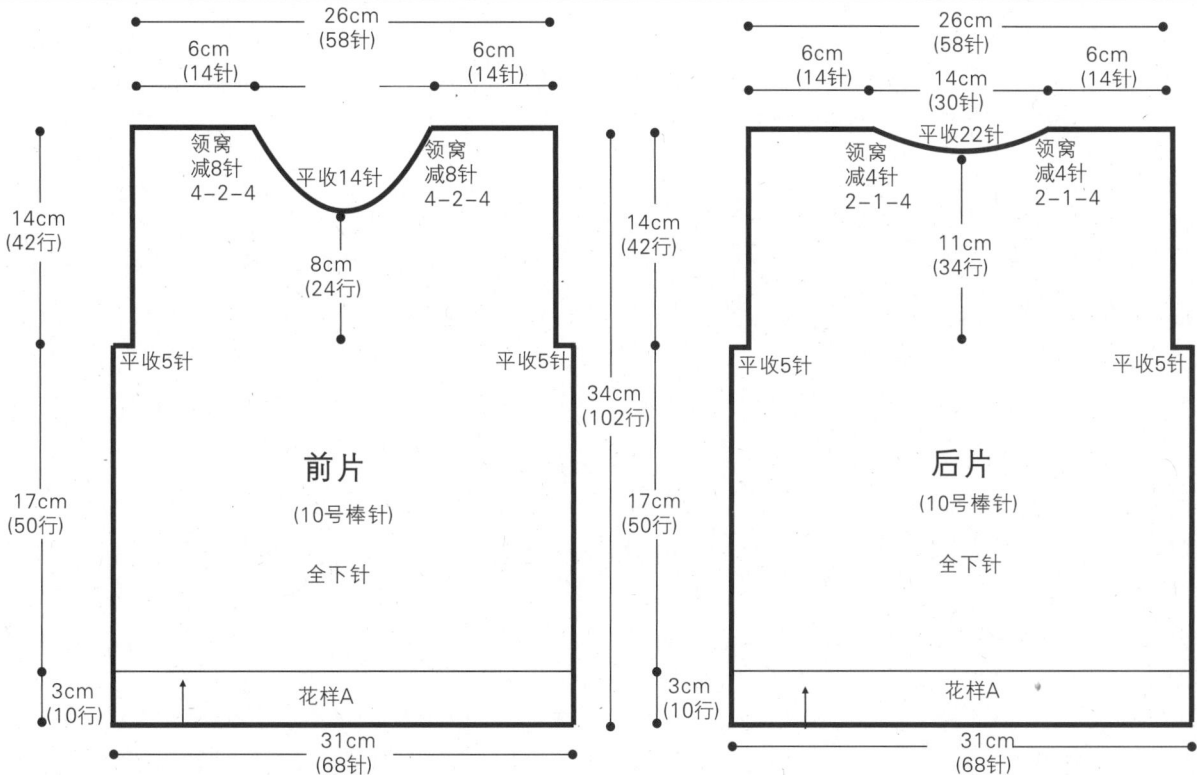

前片（10号棒针）全下针

26cm（58针）　6cm（14针）　6cm（14针）
领窝 减8针 4-2-4　领窝 减8针 4-2-4
8cm（24行）
14cm（42行）　平收5针　平收5针
17cm（50行）
3cm（10行）　花样A
34cm（102行）
31cm（68针）

后片（10号棒针）全下针

26cm（58针）　6cm（14针）　14cm（30针）　6cm（14针）
平收22针
领窝 减4针 2-1-4　领窝 减4针 2-1-4
11cm（34行）
14cm（42行）　平收5针　平收5针
17cm（50行）
3cm（10行）　花样A
31cm（68针）

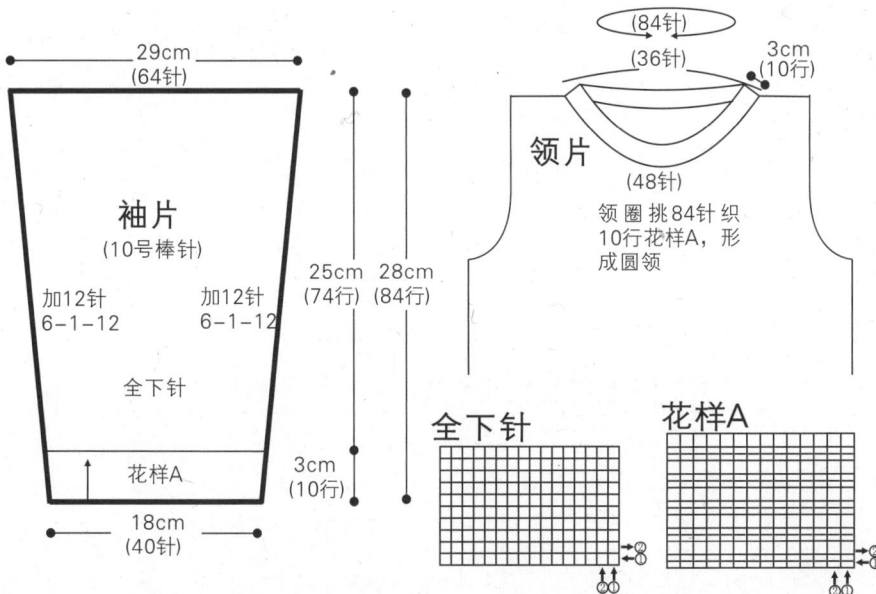

袖片（10号棒针）

29cm（64针）
加12针 6-1-12　加12针 6-1-12
全下针
25cm（74行）　28cm（84行）
3cm（10行）　花样A
18cm（40针）

领片

（84针）
（36针）　3cm（10行）
（48针）
领圈挑84针织10行花样A，形成圆领

全下针　花样A

符号说明：

□=□ 下针
日 上针
2-1-3 行-针-次
↑ 编织方向

前片图案

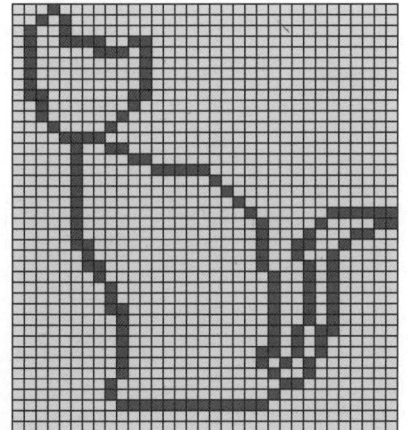

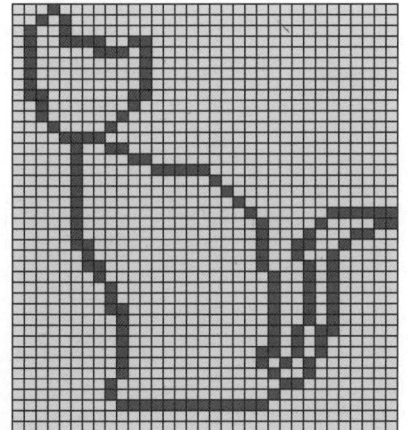

105

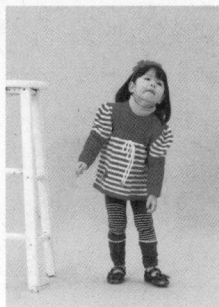

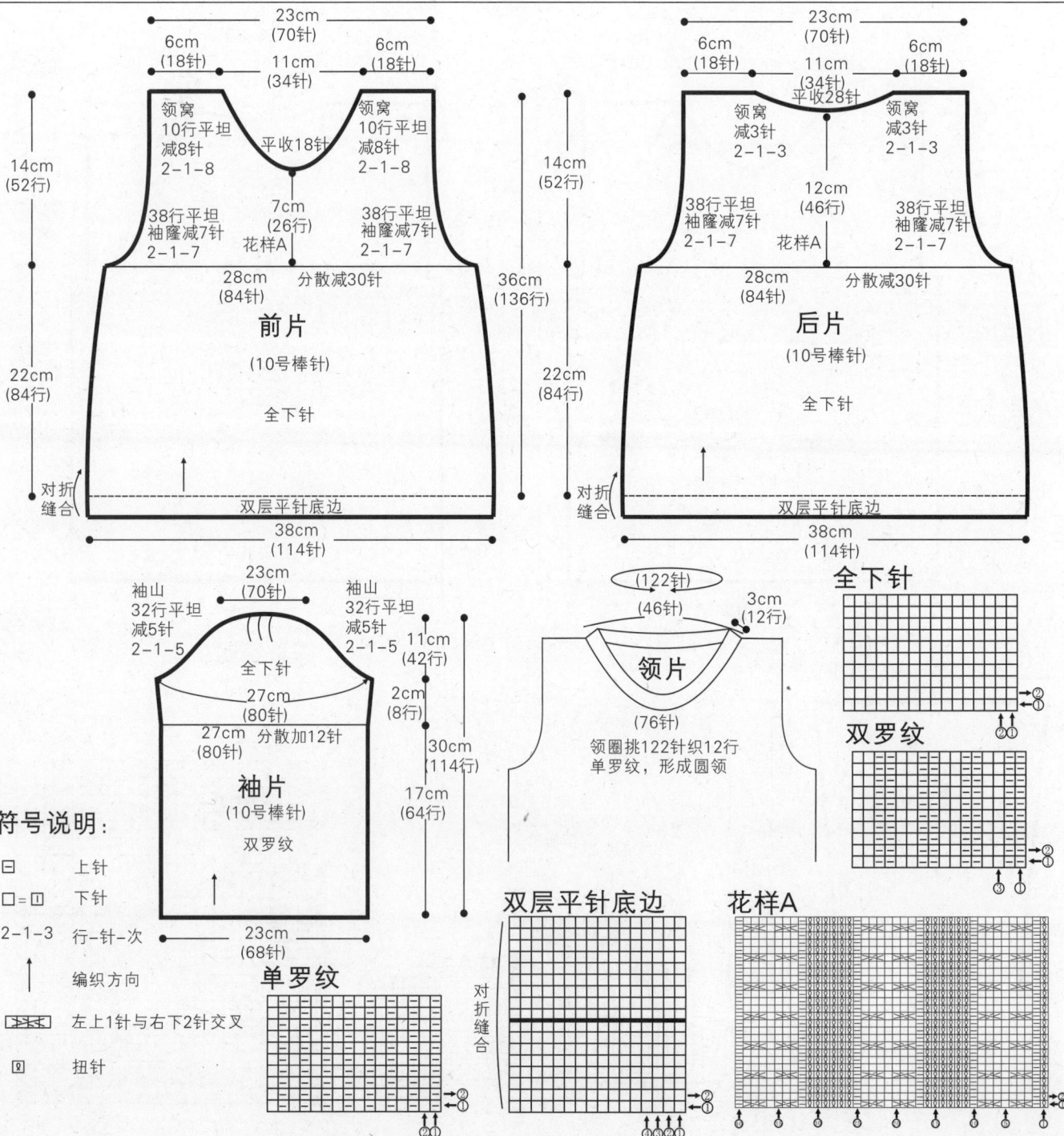

红白配色毛衣

【成品规格】 衣长36cm，下摆宽38cm，肩宽23cm，袖长30cm

【工 具】 10号棒针，缝衣针

【编织密度】 30针×38行=10cm²

【材 料】 红色、色羊毛线各300g，绳子1根，装饰物件2份

编织要点：

1. 毛衣用棒针编织，由1片前片、1片后片、2片袖片组成，从下往上编织。

2. 先编织前片。(1) 用下针起针法起114针，先织16行全下针，对折缝合，形成双层平针底边，然后继续编织全下针，并配色，侧缝不用加减针，织84行至袖隆，然后分散减30针，余84针。(2) 袖隆以上的编织。袖隆以

上织花样A，两边袖隆减针，方法是每2行减1针减7次，各减7针，不加不减织38行至肩部。(3) 同时织至袖隆算起26行时，开始开领窝，中间平收18针，然后两边减针，方法是每2行减1针减8次，各减8针，不加不减织10行至肩部余18针。

3. 编织后片。(1) 袖隆和袖隆以下的编织与前片一样。(2) 同时织至从袖隆算起46行时，开始开领窝，中间平收28针，然后两边减针，方法是每2行减1针减3次，至肩部余18针。

4. 袖片编织。用下针起针法起68针，织64行双罗纹，然后分散加12针，改织全下针，并配色，织至8行时，两边开始袖山减针，方法是每2行减1针减5次，不加不减织32行至顶部余70针。

5. 缝合。将前片的侧缝与后片的侧缝对应缝合。前片的肩部与后片的肩部缝合，两边袖片的袖下缝合，袖山打皱褶后，分别与衣片的袖洞缝合。

6. 领片编织。领圈边挑122针，圈织12行单罗纹，形成圆领。

7. 系上绳子，缝上装饰物件，毛衣编织完成。

前片 (10号棒针) 全下针

23cm (70针)
6cm (18针) — 11cm (34针) — 6cm (18针)
领窝 10行平坦 减8针 2-1-8 ／ 平收18针 ／ 领窝 10行平坦 减8针 2-1-8
14cm (52行)
7cm (26行) 花样A
38行平坦 袖隆减7针 2-1-7
28cm (84针) 分散减30针
22cm (84行)
对折缝合 双层平针底边
38cm (114针)

后片 (10号棒针) 全下针

23cm (70针)
6cm (18针) — 11cm (34针) — 6cm (18针)
平收28针
领窝 减3针 2-1-3 ／ 领窝 减3针 2-1-3
14cm (52行)
12cm (46行) 花样A
38行平坦 袖隆减7针 2-1-7
28cm (84针) 分散减30针
36cm (136行)
22cm (84行)
对折缝合 双层平针底边
38cm (114针)

袖片 (10号棒针) 双罗纹

23cm (70针)
袖山 32行平坦 减5针 2-1-5 ／ 全下针 ／ 袖山 32行平坦 减5针 2-1-5
11cm (42行)
27cm (80针)
2cm (8行)
27cm (80针) 分散加12针
17cm (64行)
30cm (114行)
23cm (68针)

领片
(122针)
(46针)
3cm (12行)
(76针)
领圈挑122针织12行单罗纹，形成圆领

全下针

双罗纹

双层平针底边
对折缝合

花样A

单罗纹

符号说明：

□ 上针
□=□ 下针
2-1-3 行-针-次
↑ 编织方向
左上1针与右下2针交叉
⊡ 扭针

老虎图案毛衣

【成品规格】 衣长38cm，下摆宽31cm，肩宽31cm

【工 具】 10号棒针，缝衣针

【编织密度】 22针×30行=10cm²

【材 料】 蓝色羊毛线400g，白色、黄色线少许

编织要点：

1. 毛衣用棒针编织，由1片前片、1片后片、2片袖片组成，从下往上编织。

2. 先编织前片。(1) 用蓝色线，下针起针法起68针，先织16行双罗纹后，改织全下针，并用白色线配色和编入图案，侧缝不用加减针，织54行至袖窿。(2) 袖窿以上的编织。两边袖窿不用收针，继续织24行时，开始开领窝，中间平收14针，然后两边减针，方法是每2行减2针减2次，每2行减1针减7次，各减11针，至肩部余16针。

3. 编织后片。(1) 用蓝色线，下针起针法起68针，先织16行双罗纹后，改织全下针，并用白色线配色，侧缝不用加减针，织54行至袖窿。(2) 袖窿以上的编织。两边袖窿不用收针，继续织38行时，开始开领窝，中间平收30针，然后两边减针，方法是每2行减1针减3次，各减3针，至肩部余16针。

4. 袖片编织。用蓝色线，下针起针法，起44针，先织16行双罗纹后，改织全下针，并用白色线配色，袖下加针，方法是每6行加1针加11次，织至78行时余66针，收针断线。同样方法编织另一袖片。

5. 缝合。将前片的侧缝与后片的侧缝对应缝合。前片的肩部与后片的肩部缝合，两边袖片的袖下缝合后，分别与衣片的袖口缝合。

6. 领片编织。领圈边挑108针，圈织10行双罗纹，形成圆领。毛衣编织完成。

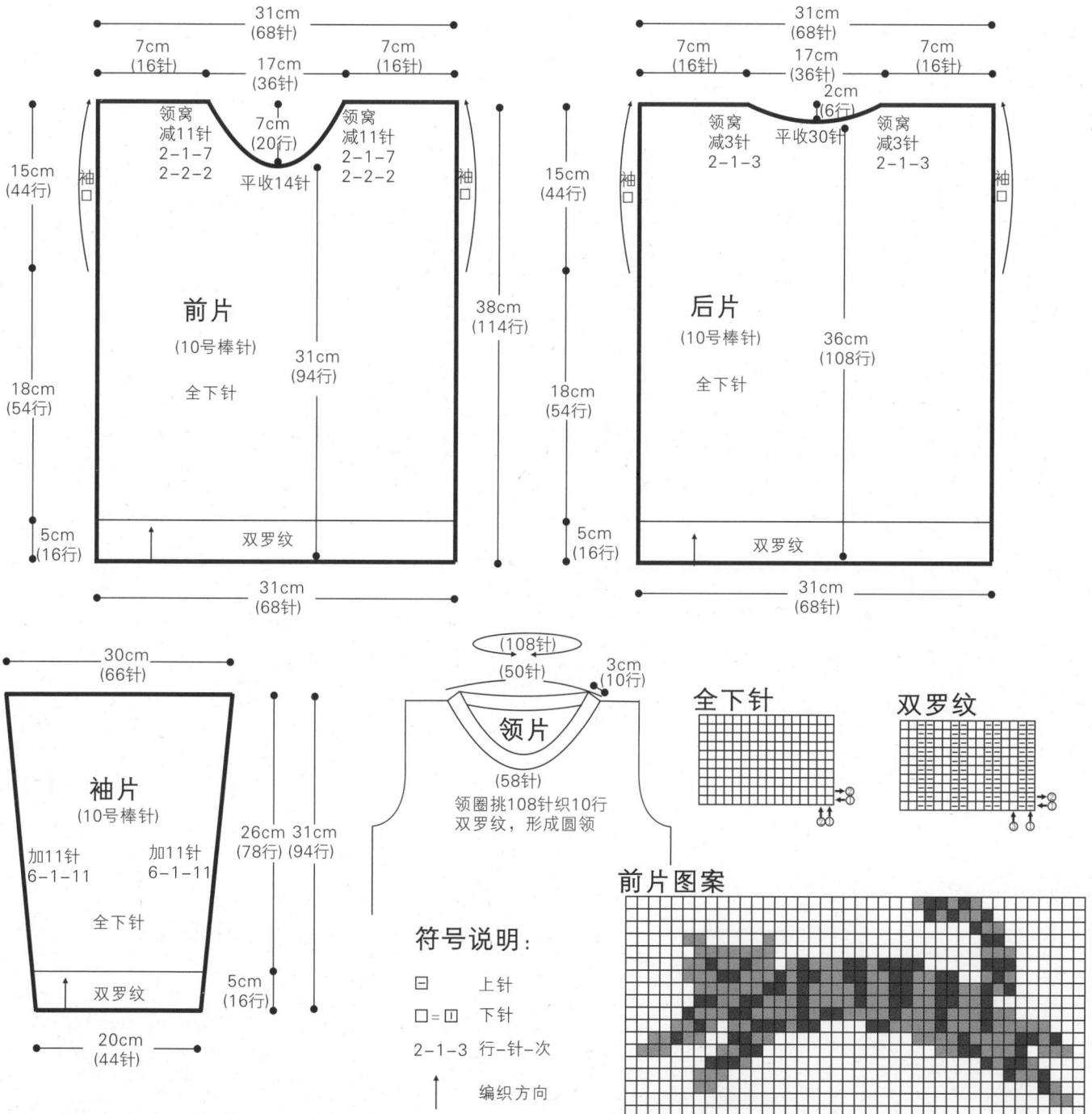

前片

31cm (68针)
7cm (16针) — 17cm (36针) — 7cm (16针)

领窝减11针 2-1-7 2-2-2
7cm (20行)
平收14针

15cm (44行) 袖口
18cm (54行)
前片（10号棒针）
全下针
31cm (94行)
38cm (114行)
5cm (16行)
双罗纹
31cm (68针)

后片

31cm (68针)
7cm (16针) — 17cm (36针) — 7cm (16针)
2cm (6针)

领窝减3针 2-1-3
平收30针
领窝减3针 2-1-3

15cm (44行) 袖口
18cm (54行)
后片（10号棒针）
全下针
36cm (108行)
5cm (16行)
双罗纹
31cm (68针)

袖片

30cm (66针)
袖片（10号棒针）
加11针 6-1-11 ／ 加11针 6-1-11
全下针
26cm (78行) 31cm (94行)
双罗纹
5cm (16行)
20cm (44针)

领片

(108针)
(50针)
3cm (10行)
领片
(58针)
领圈挑108针织10行双罗纹，形成圆领

全下针

双罗纹

符号说明：

□ 上针
□=□ 下针
2-1-3 行-针-次
↑ 编织方向

前片图案

公鸡图案毛衣

【成品规格】 衣长35cm，下摆宽30cm，袖长30cm

【工　　具】 10号棒针，缝衣针

【编织密度】 24针×30行＝10cm²

【材　　料】 黑色羊毛线400g，红色、黄色、蓝色线等少许

编织要点：

1. 毛衣用棒针编织，由1片前片、1片后片、2片袖片组成，从下往上编织。

2. 先编织前片。(1) 用下针起针法起72针，织全下针，并配色和编入图案，侧缝不用加减针，织58行至袖隆。(2) 袖隆以上的编织。两边袖隆平收6针后，不加不减织

48行至肩部。(3) 同时织至袖隆算起36行时，开始开领窝，中间平收16针，然后两边减针，方法是每2行减2针减5次，各减10针，至肩部余12针。

3. 编织后片。(1) 用下针起针法起72针，织全下针，并配色，侧缝不用加减针，织58行至袖隆。(2) 袖隆以上的编织。两边袖隆平收6针，不加不减织48行至肩部。(3) 同时织至袖隆算起42行时，开始开领窝，中间平收30针，然后两边减针，方法是每2行减1针减3次，至肩部余12针。

4. 袖片编织。用下针起针法，起48针，织全下针，袖下加针，方法是每6行加1针加12次，织至90行时余72针，收针断线。同样方法编织另一袖片。

5. 缝合。将前片的侧缝与后片的侧缝对应缝合。前片的肩部与后片的肩部缝合，两边袖片的袖下缝合后，分别与衣片的袖边缝合。

6. 领片编织。领圈边用红色线，挑88针，圈织8行全下针，形成卷边圆领。毛衣编织完成。

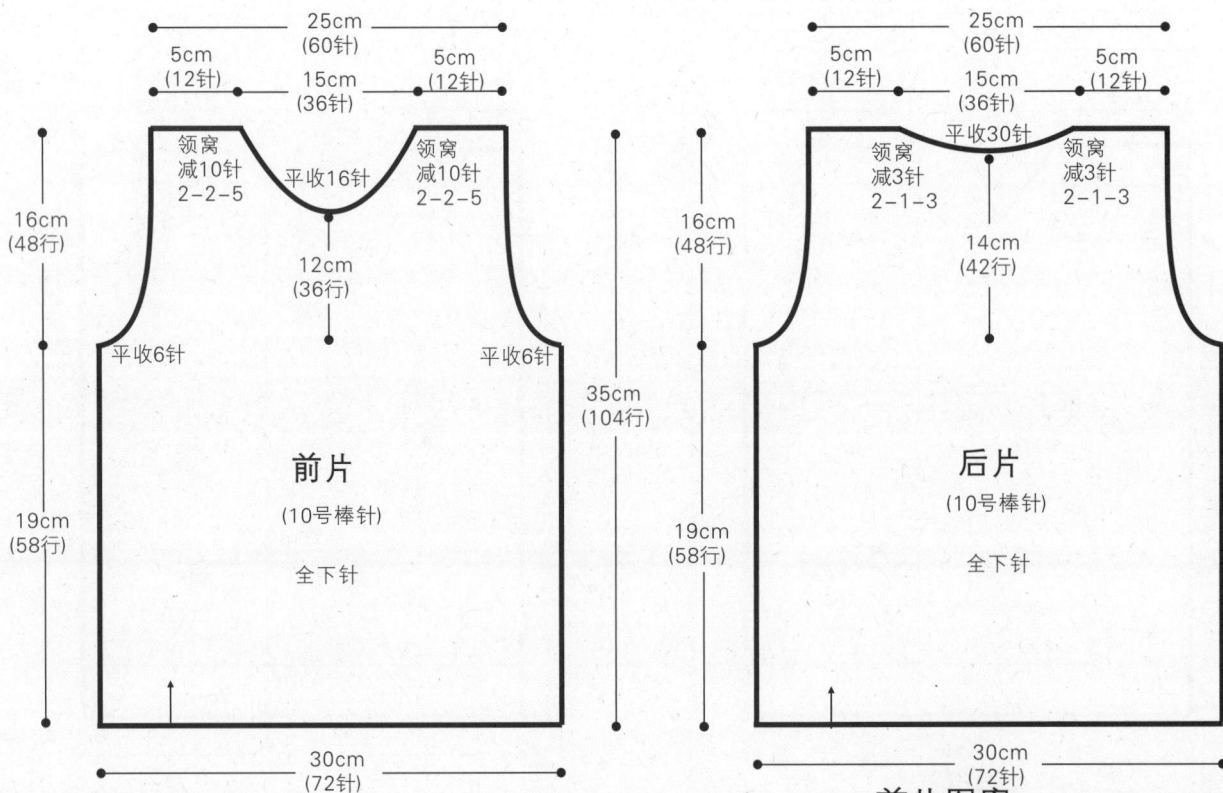

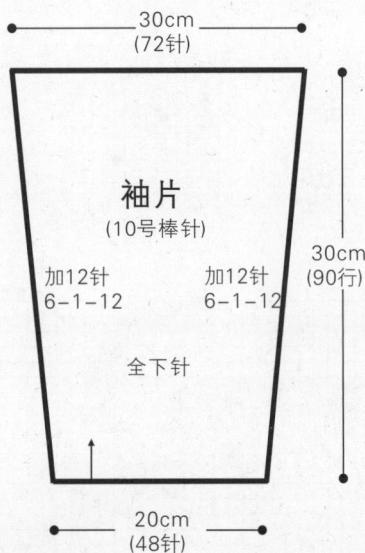

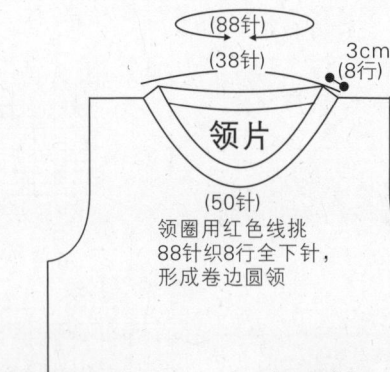

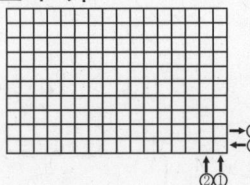

符号说明：

□　上针

□=① 下针

2-1-3 行-针-一次

↑ 编织方向

全下针

前片图案

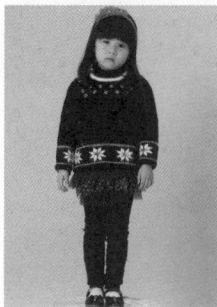

雪花图案毛衣

【成品规格】	衣长37cm，下摆宽36cm，肩宽19cm，袖长32cm
【工 具】	10号棒针，缝衣针
【编织密度】	32针×40行=10cm²
【材 料】	黑色羊毛线400g，白色线少许

开始领窝减针，中间平收16针，两边各减8针，方法是每2行减1针减8次，不加不减织8行至肩部余14针。

3. 后片编织。(1) 用下针起针法，起114针，先织8行花样A后，改织全下针，并编入图案，侧缝不用加减针，织72行至袖窿。(2) 袖窿以上编织。袖窿两边平收4针后减针，方法是：每2行减1针减8次，余下针数不加不减织48行至肩部。(3) 同时从袖窿算起织至20行时，织片分散减30针，此时针数为60针，继续编织36行时，开始领窝减针，中间平收24针，两边各减4针，方法是每2行减1针减4次，至肩部余14针。

4. 袖片编织。从袖口织起，用下针起针法起52针，织8行花样A后，改织全下针，并编入图案，袖下加针，方法是每6行加1针加12次，织76行时，两边平收4针后，进行袖山减针，方法是每2行减1针减20次，织44行至顶部余28针。同样方法编织另一袖片。

5. 缝合。将前片的侧缝与后片的侧缝对应缝合。前后片的侧缝缝合后，两袖片的袖下缝合后，与衣片的袖窿边缝合。

6. 领子编织。领圈边挑110针，织12行单罗纹，形成圆领。

7. 缝上领圈毛边和十字绣图案。衣服编织完成。

编织要点：

1. 毛衣用棒针编织，由1片前片、1片后片和2片袖片组成，从下往上编织。

2. 先编织前片。(1) 用下针起针法，起114针，先织8行花样A后，改织全下针，并编入图案，侧缝不用加减针，织72行至袖窿。(2) 袖窿以上编织。袖窿两边平收4针后减针，方法是每2行减1针减8次，余下针数不加不减织48行至肩部。(3) 同时从袖窿算起织至20行时，织片分散减30针，此时针数为60针，继续编织20行时，

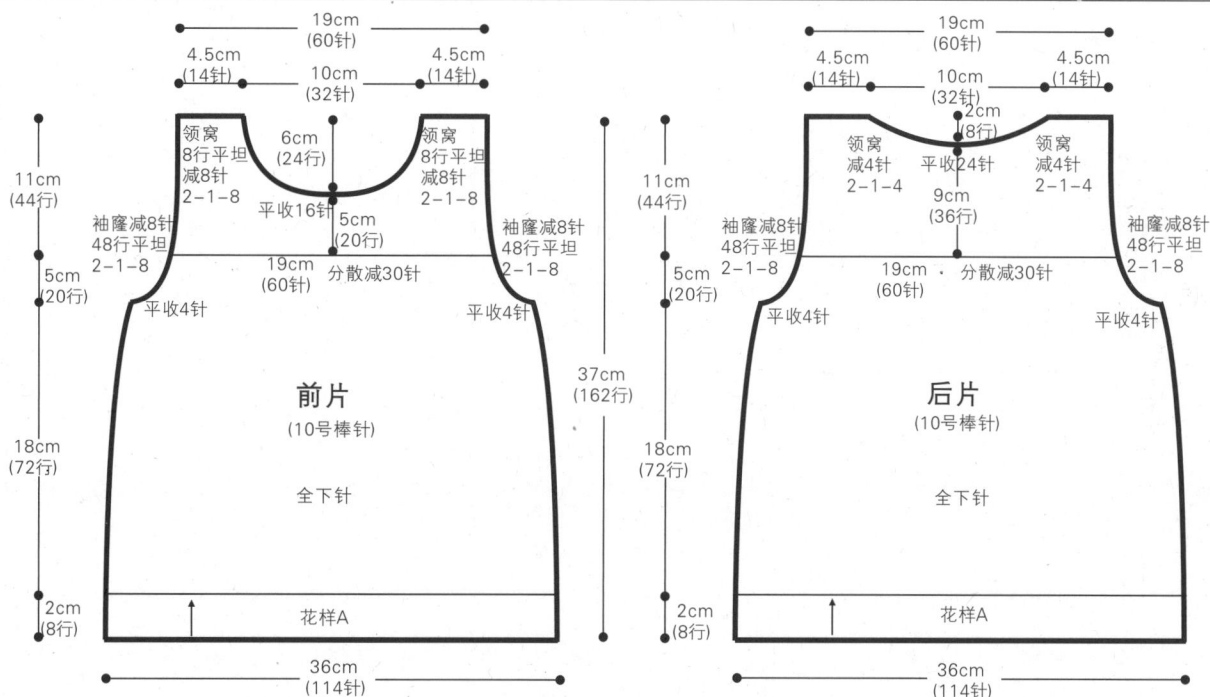

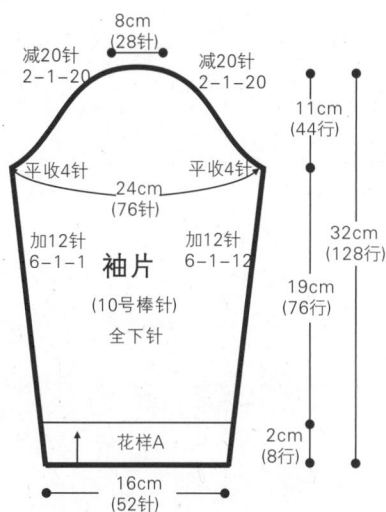

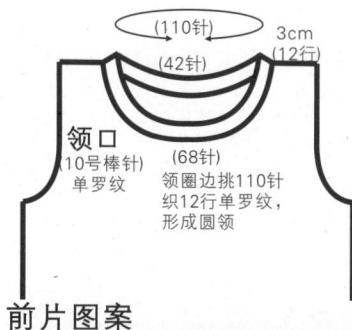

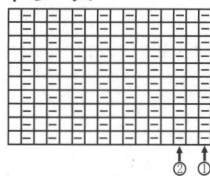

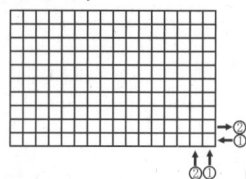

符号说明：

□ 上针

□=1 下针

2-1-3 行-针-次

↑ 编织方向

前片图案

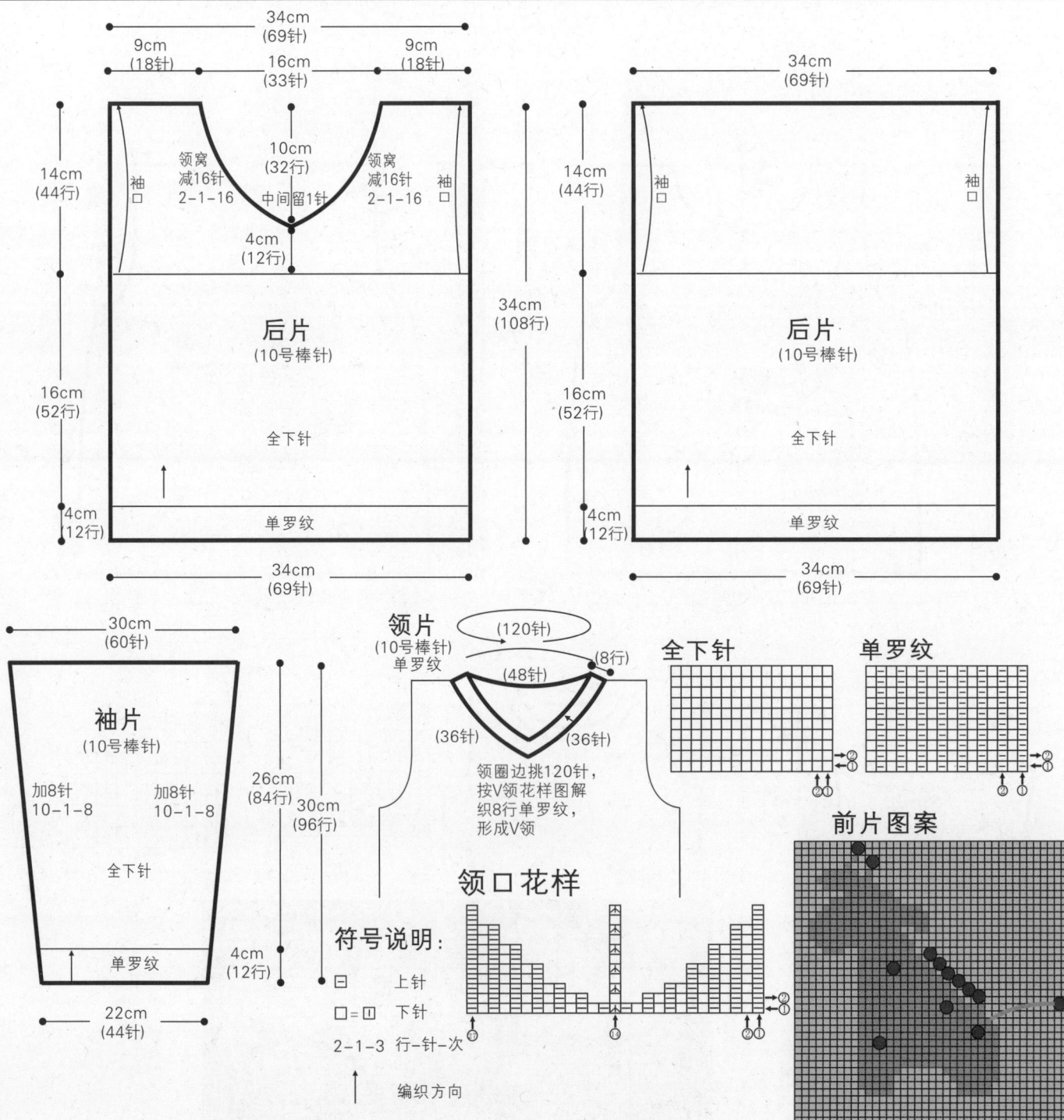

简单V领毛衣

【成品规格】 衣长34cm，下摆宽34cm，袖长30cm

【工　　具】 10号棒针，缝衣针、钩针

【编织密度】 20针×32行=10cm²

【材　　料】 灰色羊毛线400g，黄色等线少许

编织要点:

1. 毛衣用棒针编织，由2片前片、1片后片、2片袖片组成，从下往上编织。

2. 先编织前片。(1)用机器边起针法起69针，先织12行单罗纹后，改织全下针，并编入图案，侧缝不用加减针，织至52行至袖窿。(2)袖窿以上的编织。袖窿不用减针。(3)同时从袖窿算起织至12行时，开始领窝减针，中间留1针待用，两边领窝减针，方法是每2行减2针减16次，至肩部余18针。

3. 编织后片。(1)用机器边起针法，起69针，先织12行单罗纹后，改织全下针，侧缝不用加减针，织52行至袖窿。(2)袖窿以上的编织。袖窿不用减针，不用领窝减针，一直织至44行余69针，收针断线。

4. 编织袖片。从袖口织起，用机器边起针法，起44针，先织12行单罗纹后，改织全下针，袖侧缝两边加8针，方法是每10行加1针加8次，织84行至袖窿余60针，收针断线。同样方法编织另一袖片。

5. 缝合。将前片的侧缝与后片的侧缝对应缝合，前后片的肩部对应缝合，再将两袖片的袖下缝合后，袖口边线与衣身的袖口边对应缝合。

6. 领子编织。领圈边挑120针，按V领花样图解，织8行单罗纹，形成V领。

7. 用钩针钩织小花朵装饰前片的图案，衣服编织完成。

后片 (10号棒针)

34cm (69针)
9cm (18针) — 16cm (33针) — 9cm (18针)

14cm (44行)
袖口　领窝 减16针 2-1-16　10cm (32行)　中间留1针　领窝 减16针 2-1-16　袖口
4cm (12行)

16cm (52行)　全下针

4cm (12行)　单罗纹

34cm (69针)

后片 (10号棒针)

34cm (69针)

14cm (44行)　袖口　袖口

34cm (108行)

16cm (52行)　全下针

4cm (12行)　单罗纹

34cm (69针)

袖片 (10号棒针)

30cm (60针)

加8针 10-1-8　加8针 10-1-8

26cm (84行)

30cm (96行)

全下针

单罗纹

4cm (12行)

22cm (44针)

领片 (10号棒针) 单罗纹

(120针)
(8行)
(48针)
(36针)　(36针)

领圈边挑120针，按V领花样图解织8行单罗纹，形成V领

领口花样

符号说明:

□　上针

□=□　下针

2-1-3　行-针-次

↑　编织方向

全下针

单罗纹

前片图案

宝蓝色长袖装

两边减针，方法是每2行减2针减3次，各减6针，至肩部余16针，其中最后织4行单罗纹。

3. 编织后片。(1) 用下针起针法起60针，先织10行单罗纹后，改织全下针，并编入图案，侧缝不用加减针，织36行至袖隆。(2) 袖隆以上的编织。两边袖隆不用收针，继续织26行时，开始开领窝，中间平收24针，然后两边减针，方法是每2行减1针减2次，各减2针，至肩部余16针，其中最后织4行单罗纹。

4. 袖片编织。用下针起针法，起36针，先织10行单罗纹后，改织全下针，袖下加针，方法是每4行加1针加9次，织至52行时余54针，收针断线。同样方法编织另一袖片。

5. 缝合。将前片的侧缝与后片的侧缝对应缝合，两边袖片的袖下缝合后，分别与衣的袖口缝合。肩部不用缝合。

6. 领片编织。前后片的肩部重叠后，领圈边挑66针，圈织6行单罗纹，形成圆领。

7. 两边肩部和前片图案缝上纽扣，毛衣编织完成。

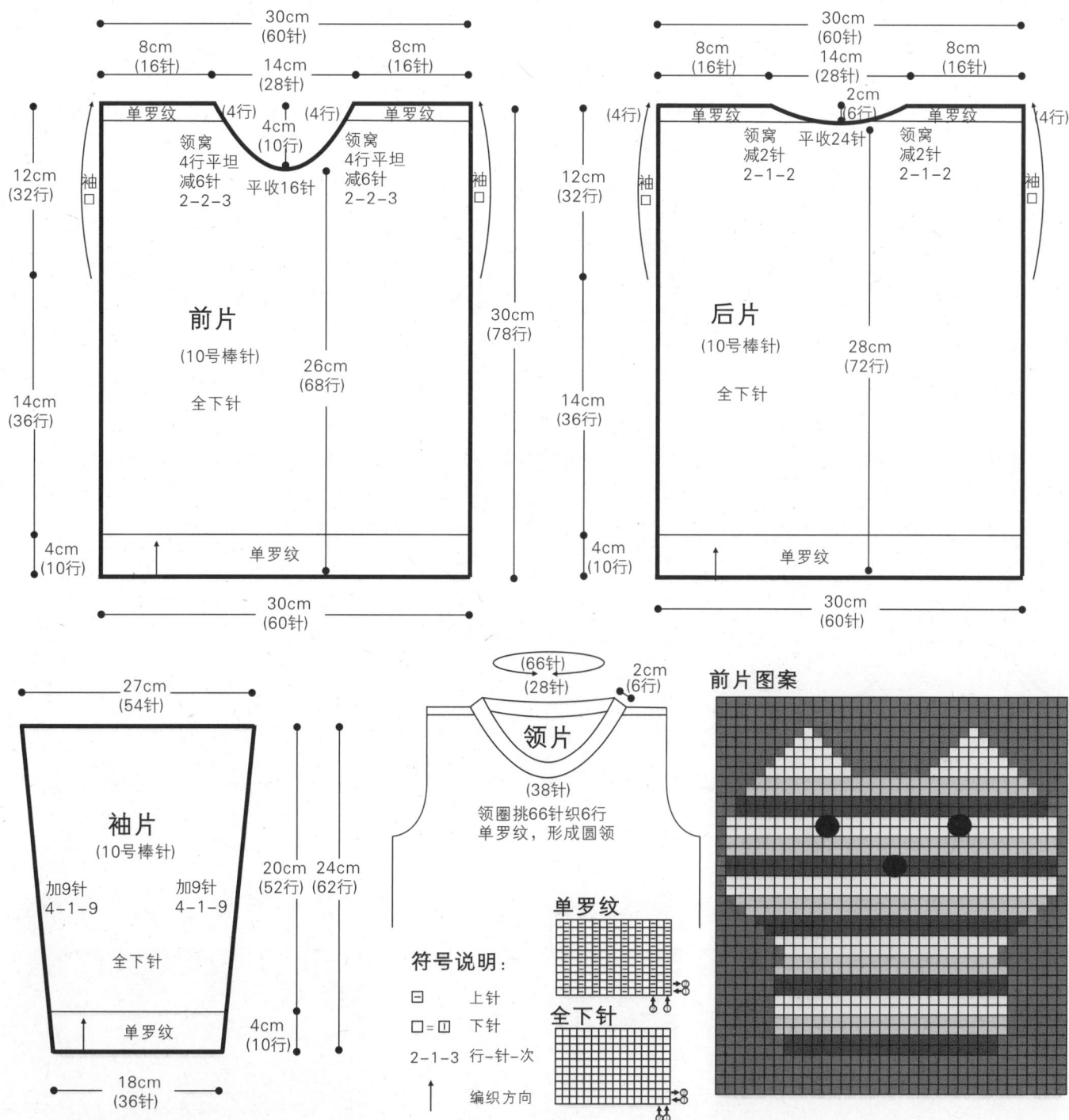

【成品规格】 衣长30cm，下摆宽30cm，袖长24cm

【工 具】 10号棒针，缝衣针

【编织密度】 20针×26行=10cm²

【材 料】 宝蓝色羊毛线400g，黄色线少许

编织要点:

1. 毛衣用棒针编织，由1片前片、1片后片、2片袖片组成，从下往上编织。

2. 先编织前片。(1) 用下针起针法起60针，先织10行单罗纹后，改织全下针，并编入图案，侧缝不用加减针，织36行至袖隆。(2) 袖隆以上的编织。两边袖隆不用收针，继续织22行时，开始开领窝，中间平收16针，然后

前片
(10号棒针)
全下针

30cm (60针)
8cm (16针) 14cm (28针) 8cm (16针)
单罗纹 (4行) (4行) 单罗纹
4cm (10行)
领窝 4行平坦 减6针 2-2-3
平收16针
领窝 4行平坦 减6针 2-2-3
袖口
12cm (32行)
14cm (36行)
26cm (68行)
30cm (78行)
4cm (10行)
单罗纹
30cm (60针)

后片
(10号棒针)
全下针

30cm (60针)
8cm (16针) 14cm (28针) 8cm (16针)
(4行) 单罗纹 2cm 单罗纹 (4行)
领窝 减2针 2-1-2
平收24针
领窝 减2针 2-1-2
袖口
12cm (32行)
14cm (36行)
28cm (72行)
4cm (10行)
单罗纹
30cm (60针)

袖片
(10号棒针)
全下针

27cm (54针)
加9针 4-1-9   加9针 4-1-9
20cm (52行) 24cm (62行)
4cm (10行)
单罗纹
18cm (36针)

领片

(66针) (28针) 2cm (6行)
(38针)
领圈挑66针织6行单罗纹，形成圆领

符号说明:
□ 上针
□=□ 下针
2-1-3 行-针-次
↑ 编织方向

单罗纹

全下针

前片图案

个性套头毛衣

【成品规格】 衣长32cm，下摆宽33cm，肩宽27cm

【工　　具】 10号棒针，缝衣针

【编织密度】 20针×30行=10cm²

【材　　料】 深灰色羊毛线400g，咖啡色线少许

编织要点:

1. 毛衣用棒针编织，由1片前片、1片后片、2片袖片组成，从下往上编织。

2. 先编织前片。(1) 用机器边起针法起66针，编织12行单罗纹后，改织全下针，并编入图案，侧缝不用加减针，织46行至袖窿。(2) 袖窿以上的编织。两边袖窿减针，方法是每2行减1针减6次，各减6针，不加不减织26行至肩部。(3) 同时织至袖窿算起24行时，开始开领窝，中间平收18针，然后两边减针，方法是每2行减2针减4次，各减4针，至肩部余10针。

3. 编织后片。(1) 用机器边起针法起66针，编织12行单罗纹后，改织全下针，并配色，侧缝不用加减针，织46行至袖窿。(2) 袖窿以上的编织。两边袖窿减针，方法是每2行减1针减6次，各减6针，不加不减织26行至肩部。(3) 同时织至从袖窿算起32行时，开始开领窝，中间平收28针，然后两边减针，方法是每2行减1针减3次，至肩部余10针。

4. 袖片编织。用下针起针法起40针，织12行单罗纹后，改织全下针，袖下加针，方法是每6行加1针加10次，织至68行时，开始袖山减针，方法是每2行减2针减7次，至顶部余32针。

5. 缝合。将前片的侧缝与后片的侧缝对应缝合。前片的肩部与后片的肩部缝合，两边袖片的袖下缝合后，肩部衬片另织，起10针织18行单罗纹，分别与衣片的袖边缝合。

6. 领片编织。领圈边挑114针，圈织10行单罗纹，形成圆领。毛衣编织完成。

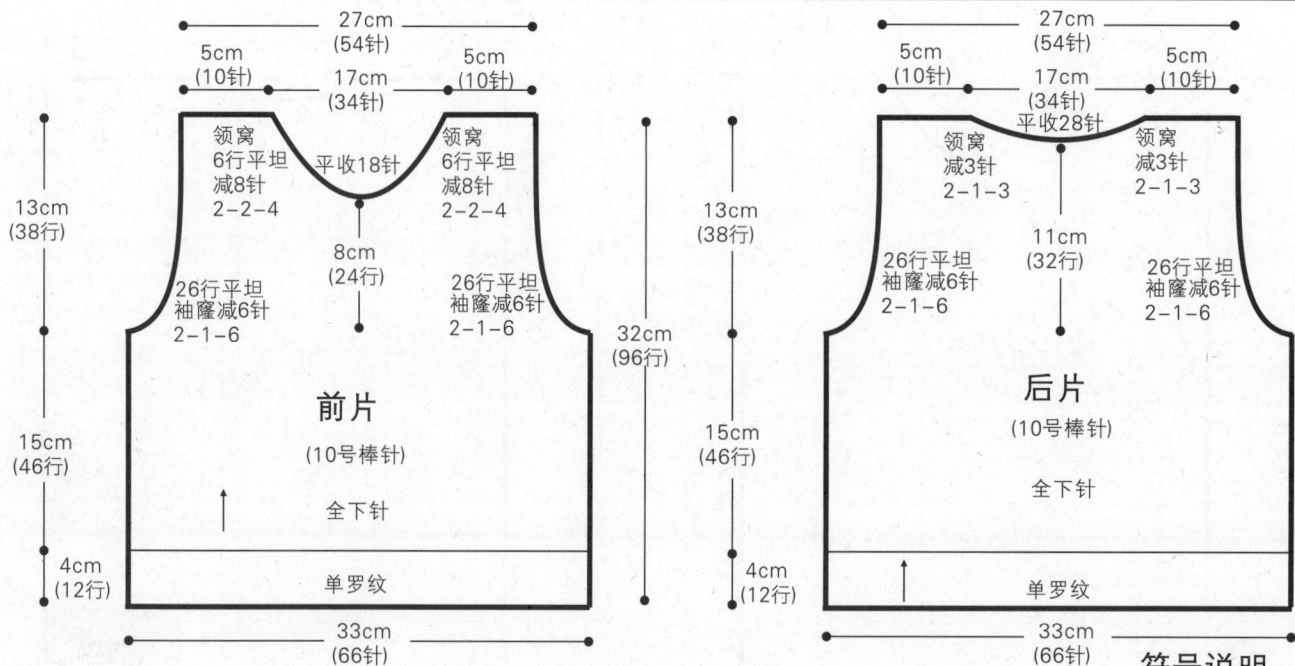

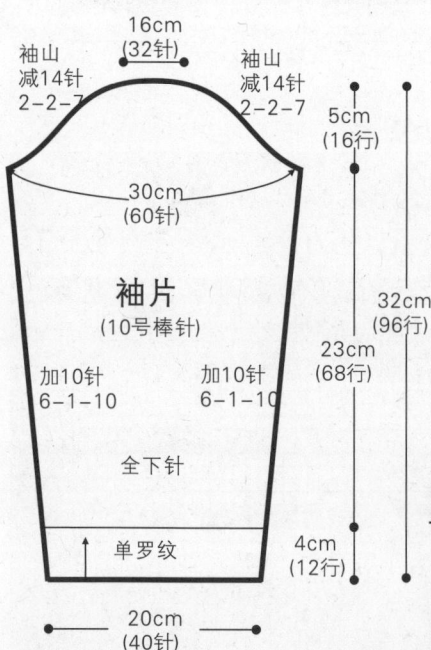

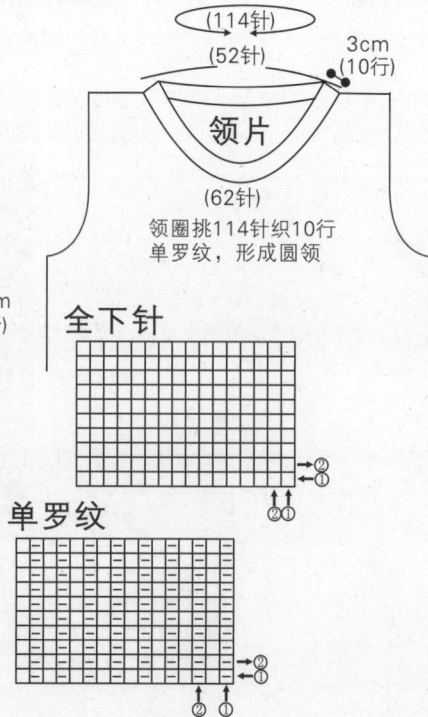

帅气领带毛衣

【成品规格】 衣长40cm，胸围56cm，肩宽22cm，衣袖32cm

【工 具】 0号、1号棒针

【编织密度】 40针×50行=10cm²

【材 料】 浅灰色线250g，深灰色线300g，红色、黄色、黑色少许

编织要点：

1.前片用0号棒针、淡灰色线起112针，从下往上织单罗

纹4cm，换1号棒针织10行下针，按图解1换线编织。

2.后片用0号棒针、淡灰色线起112针，从下往上织单罗纹4cm，换1号棒针织30行下针，换深灰色线编织，后领按图解编织。

3.袖片用0号棒针浅灰色线起56针，从下往上织双罗纹4cm后，换1号棒针织下针，按图解放针、收袖山。

4.前后片、袖片缝合，按图解挑领边编织单罗纹4cm，往里叠成两层。

5.清洗整理。

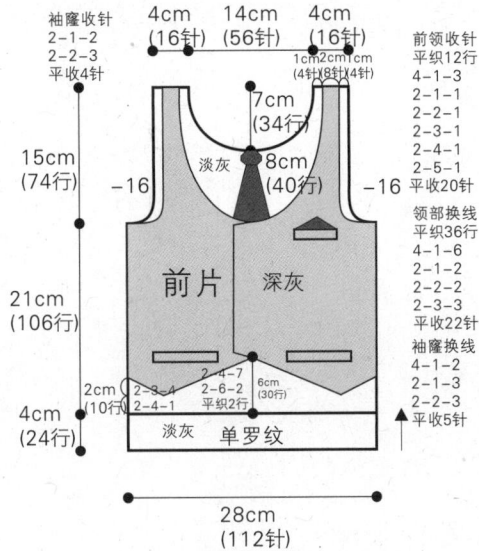

前片

袖窿收针
2-1-2
2-2-3
平收4针

4cm（16针） 14cm（56针） 4cm（16针）

前领收针
平织12行
4-1-3
2-1-1
2-1-1
2-3-1
2-4-1
2-3-1

7cm（34行）

15cm（74行）

淡灰 8cm（40行）

深灰

-16 -16 平收20针

领部换线
平织36行
4-1-2
2-1-2
2-2-2
2-3-3
平收22针

21cm（106行）

袖窿换线
4-1-2
2-1-3
2-2-3
平收5针

1cm2cm1cm（4针)(8针)(4针)

2cm 2-3-4
（10行) 2-6-2
2-4-1

2-4-7
6cm（30行）平织2行

4cm（24行） 淡灰 单罗纹

28cm（112针）

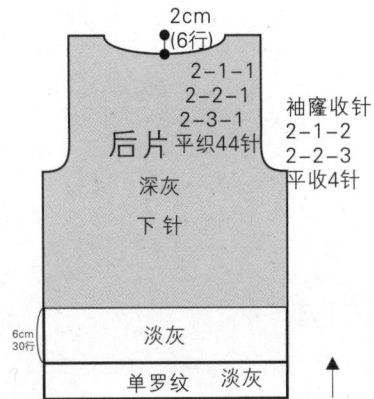

后片 平织44针

深灰
下针

2cm（6行）

2-1-1
2-2-1
2-3-1

袖窿收针
2-1-2
2-2-3
平收4针

6cm 30行 淡灰

单罗纹 淡灰

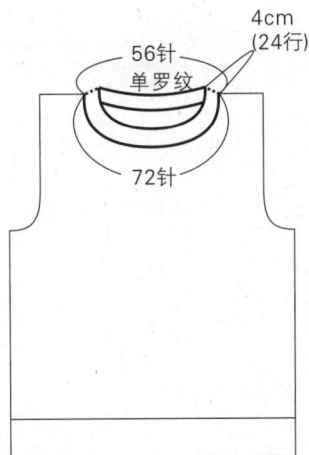

4cm（24行）

56针 单罗纹

72针

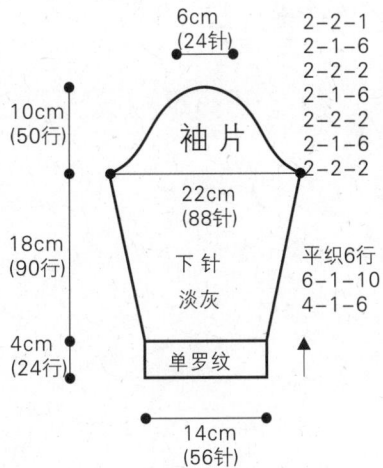

6cm（24针）

袖片

2-2-1
2-1-6
2-2-2
2-1-6
2-2-2
2-1-6
2-2-2

10cm（50行）

22cm（88针）

下针
淡灰

18cm（90行）

平织6行
6-1-10
4-1-6

4cm（24行） 单罗纹

14cm（56针）

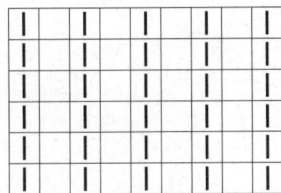

单罗纹

符号说明：

| 下针

□ 上针

113

图解1

■ 黑色
■ 红色
■ 深灰色
□ 淡灰色
□ 白色
■ 黄色

114

鳄鱼图案毛衣

【成品规格】 衣长33cm，下摆宽30cm，袖长26cm

【工　　具】 10号棒针，缝衣针

【编织密度】 20针×30行=10cm²

【材　　料】 黑色羊毛线400g，白色、墨绿色线少许

编织要点：

1. 毛衣用棒针编织，由1片前片、1片后片、2片袖片组成，从下往上编织。

2. 先编织前片。(1) 用下针起针法起60针，先织16行单罗纹后，改织全下针，并编入图案，侧缝不用加减针，织44行至袖隆。(2) 袖隆以上的编织。两边袖隆不用收针，继续织28行时，开始开领窝，中间平收20针，然后两边减针，方法是每2行减2针减2次，每2行减1针减4次，各减8针，至肩部余12针。

3. 编织后片。(1) 用下针起针法起60针，先织16行单罗纹后，改织全下针，并编入图案侧缝不用加减针，织44行至袖隆。(2) 袖隆以上的编织。两边袖隆不用收针，继续织34行时，开始开领窝，中间平收32针，然后两边减针，方法是每2行减1针减2次，各减2针，至肩部余12针。

4. 袖片编织。用下针起针法，起44针，先织16行单罗纹后，改织全下针，袖下加针，方法是每6行加1针加8次，织至62行时余60针，收针断线。同样方法编织另一袖片。

5. 缝合。将前片的侧缝与后片的侧缝对应缝合。前片的肩部与后片的肩部缝合，两边袖片的袖下缝合后，分别与衣片的袖口缝合。

6. 领片编织。领圈边挑100针，圈织10行单罗纹，形成圆领。毛衣编织完成。

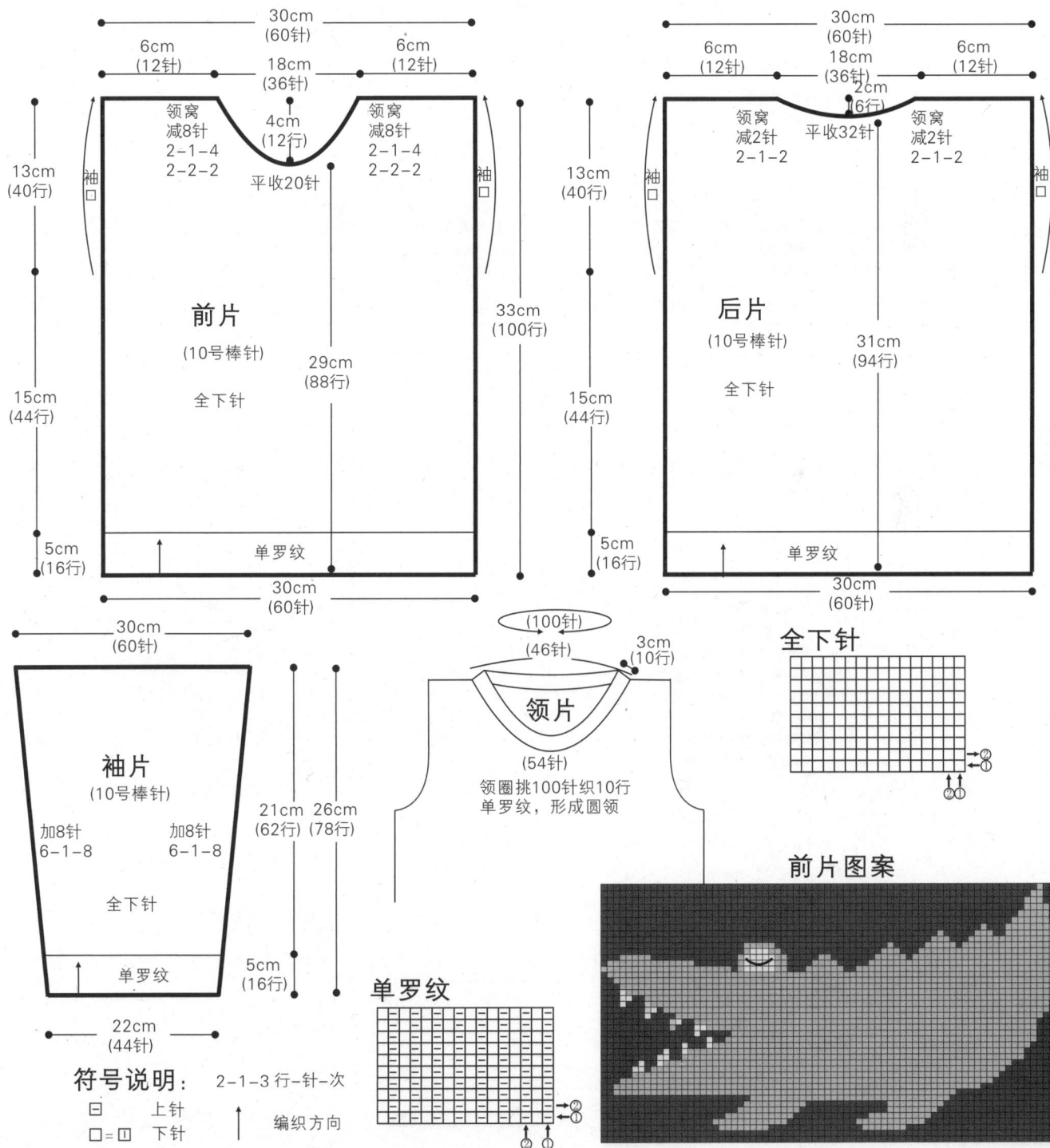

前片

30cm (60针)

6cm (12针)　18cm (36针)　6cm (12针)

领窝 减8针 2-1-4 2-2-2　4cm (12行)　领窝 减8针 2-1-4 2-2-2

平收20针

袖口

13cm (40行)

前片 (10号棒针)

全下针　29cm (88行)

33cm (100行)

15cm (44行)

单罗纹　5cm (16行)

30cm (60针)

后片

30cm (60针)

6cm (12针)　18cm (36针)　6cm (12针)

2cm (6行)

领窝 减2针 2-1-2　平收32针　领窝 减2针 2-1-2

袖口

13cm (40行)

后片 (10号棒针)

全下针　31cm (94行)

15cm (44行)

单罗纹　5cm (16行)

30cm (60针)

袖片

30cm (60针)

袖片 (10号棒针)

加8针 6-1-8　加8针 6-1-8

全下针

21cm (62行)　26cm (78行)

单罗纹　5cm (16行)

22cm (44针)

领片

(100针) (46针)　3cm (10行)

领片

(54针)

领圈挑100针织10行单罗纹，形成圆领

全下针

单罗纹

前片图案

符号说明： 2-1-3 行-针-次

□　上针
□=回　下针

编织方向

黑白条纹毛衣

【成品规格】 胸围29cm，衣长32cm，袖长32cm

【工　　具】 1号、3号棒针，绣针

【编织密度】 24针×40行=10cm²

【材　　料】 黑色毛线200g，白色毛线200g

A2cm，换3号棒针、白色线织4.5cm，换黑线织6行，白线6行，像这样黑白两色每6行换线，斜肩、领部按图解编织。
2.后片起针同前片，织法也同前片，收完斜肩后平收30针.
3.衣袖用1号棒针、黑色线起36针，从下往上织花样A2cm，换3号棒针，白色线织4.5cm，黑白两色每6行换线，两边加针、袖山减针等按图解编织。
4.前后片、衣袖缝合后，按图解挑领部，按图解编织。
5.清洗，熨烫。

编织要点：

1.前片用1号棒针、黑色线起70针，从下往上织花样

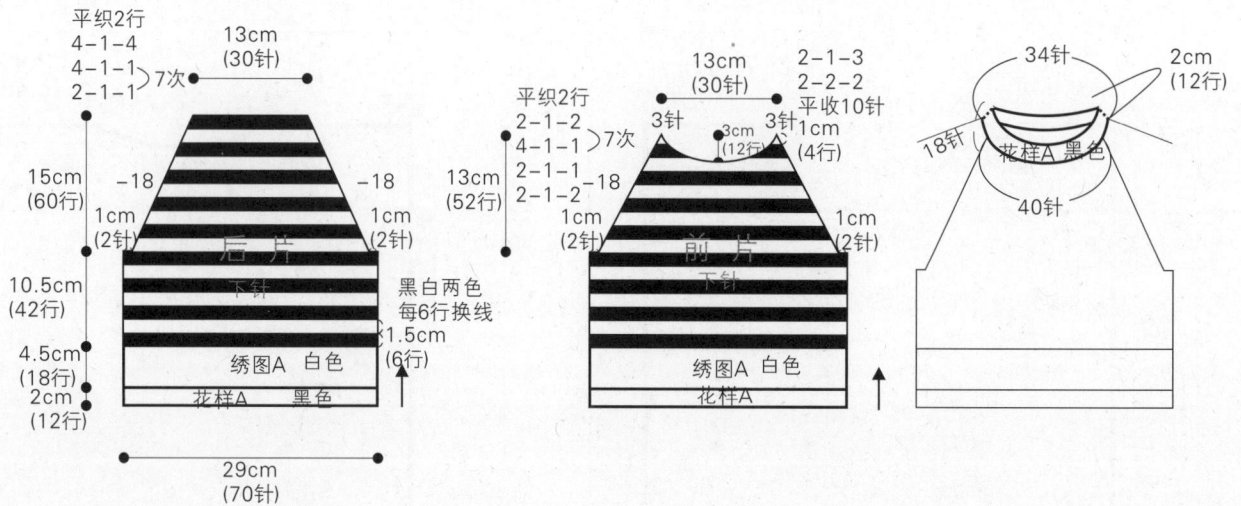

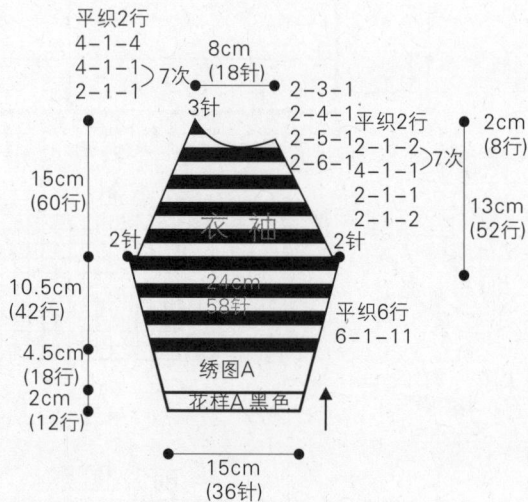

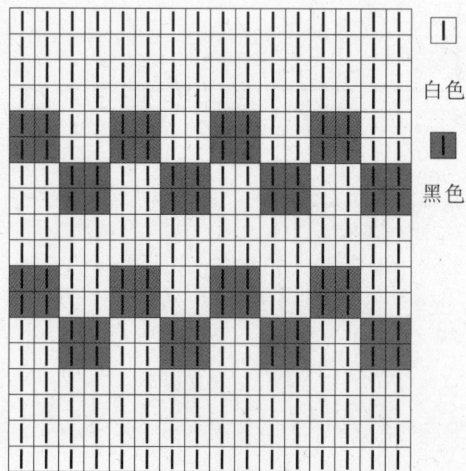

绣图A

花样A

符号说明：

I 下针

□ 上针

卡哇伊精致毛衣

【成品规格】 衣长28cm，胸围60cm，肩宽24cm，袖长13cm

【工 具】 5号棒针

【编织密度】 24针×34行=10cm²

【材 料】 玫红色毛线200g，黄色、白色线各50g，橘色少许，玫红色纽扣4枚

编织要点：

1.前右片用5号棒针玫红色线起36针，从下往上织下针，织到13cm处开始织花样A，按图解换线编织，织3cm花样A同时开挂，开挂、收领按图解。花样A共织7cm23行，再用玫红色线织下针。前左片织法与前右片同。

2.后片用5号棒针玫红色线起72针，从下往上织下针，织13cm后开始织花样A，3cm花样A时开挂，花样A织7cm23行，挂肩收针与前片同，后领按图解编织。

3.袖片用5号棒针玫红色线起52针，织3.5cm后织花样A，花样A织3cm后收袖山，收针按图解。

4.前后片、袖片缝合，领口边、衣边钩上短针一圈，钉上4颗纽扣，清洗整理。

前右片

领口收针
2-1-1
2-2-1
2-3-2
平收5针
5cm
(16行)
3cm

2-1-1
2-2-2
平织3针
花样A

6cm(14针) 6cm(14针)
12cm(40行)
-8
7cm(23行)
16cm(54行)
23cm(78行)
13cm
15cm(36针)

后片

6cm(14针) 12cm(28针) 6cm(14针)
2.5cm(8针)
2-1-1
2-2-1
2-3-1
平收16针
花样A
-8
30cm(72针)

袖片

袖窿减针
2-2-2
2-1-2
2-2-1
2-1-1
2-2-2
2-1-1
2-2-2

7cm(16针)
2.5cm
7cm(23行)
3.5cm
6.5cm(22行)
6.5cm(22行)
花样A
22cm(52针)

符号说明：

Ⅰ 下针

X 短针

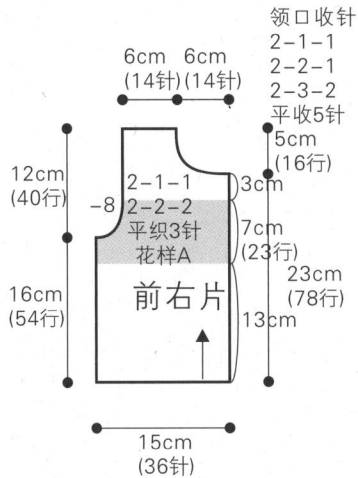

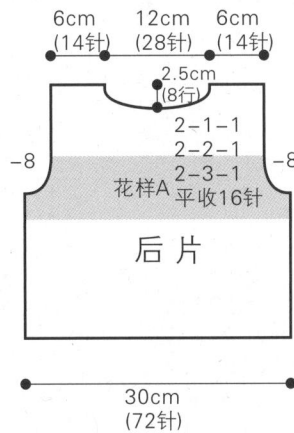

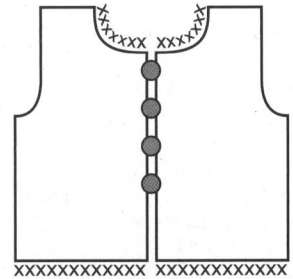

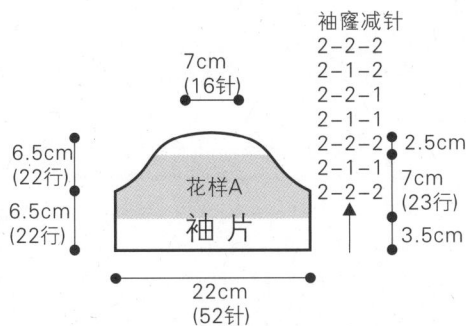

玫红色 ┃ 白色 Ⅰ 黄色 Ⅰ 橘色

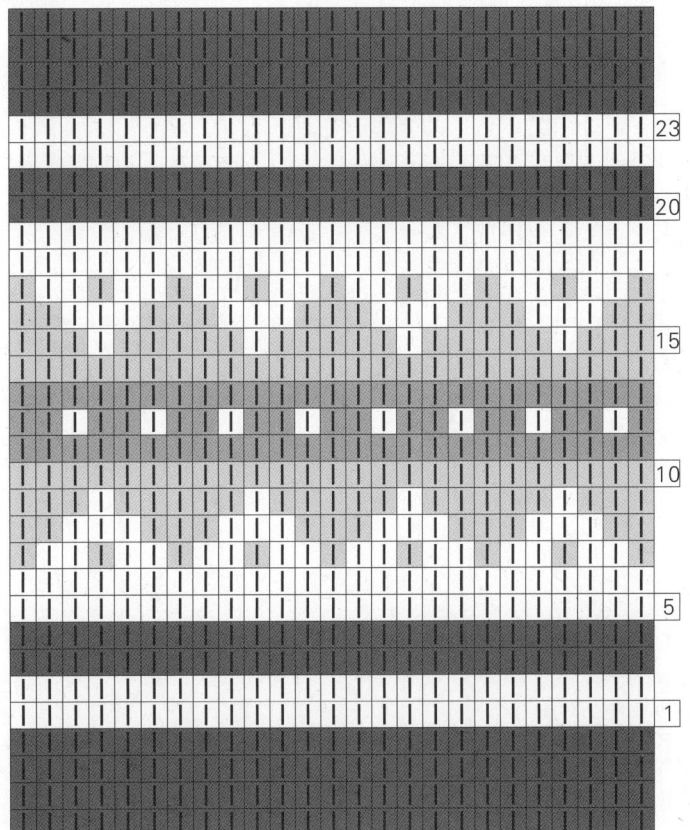

23
20
15
10
5
1

花样A

小熊图案毛衣

【成品规格】	衣长34cm，下摆宽30cm，袖长30cm
【工　　具】	10号棒针，缝衣针
【编织密度】	24针×34行＝10cm²
【材　　料】	灰色羊毛线400g，蓝色线等少许，纽扣5枚

编织要点：

1. 毛衣用棒针编织，由2片前片、1片后片、2片袖片组成，从下往上编织。

2. 先编织前片。分右前片和左前片编织。(1) 右前片用机器边起针法起36针，先织14行单罗纹后，改织全下针，并编入图案，侧缝不用加减针，织至52行至袖窿。(2) 袖窿以上的编织。右侧袖窿减针，方法是每织2行减1针减5次，共减5针，不加不减平织40行至袖窿。(3) 同时从袖窿算起织至30时，开始领窝减针，门襟处平收10针后，门襟减针，方法是每2行减1针减6次，至肩部余14针。(4) 相同的方法，相反的方向编织左前片。

3. 编织后片。(1) 用机器边起针法，起72针，先织14行单罗纹后，改织全下针，并编入图案，侧缝不用加减针，织52行至袖窿。(2) 袖窿以上编织。袖窿开始减针，方法与前片袖窿一样。(3) 同时织至从袖窿算起46时，开后领窝，中间平收30针，两边各减2针，方法是每2行减1针减2次，织至两边肩部余14针。

4. 编织袖片。从袖口织起，用机器边起针法，起40针，先织14行单罗纹后，改织全下针，袖侧缝两边加12针，方法是每4行加1针加12次，编织62行至袖窿。开始两边袖山减针，方法是两边分别每2行减3针减4次，每2行减2针减4次，每2行减1针减4次，共减24针，编织完26行后余16针，收针断线。同样方法编织另一袖片。

5. 缝合。将前片的侧缝与后片的侧缝对应缝合，前后片的肩部对应缝合，再将两袖片的袖下缝合后，袖山边线与衣身的袖窿边对应缝合。

6. 领子编织。领圈边挑98针，织10行单罗纹，形成开襟圆领。

7. 门襟编织。两边门襟分别挑94针，织10行单罗纹，左边门襟均匀地开扣眼。

8. 用缝衣针缝上纽扣，衣服编织完成。

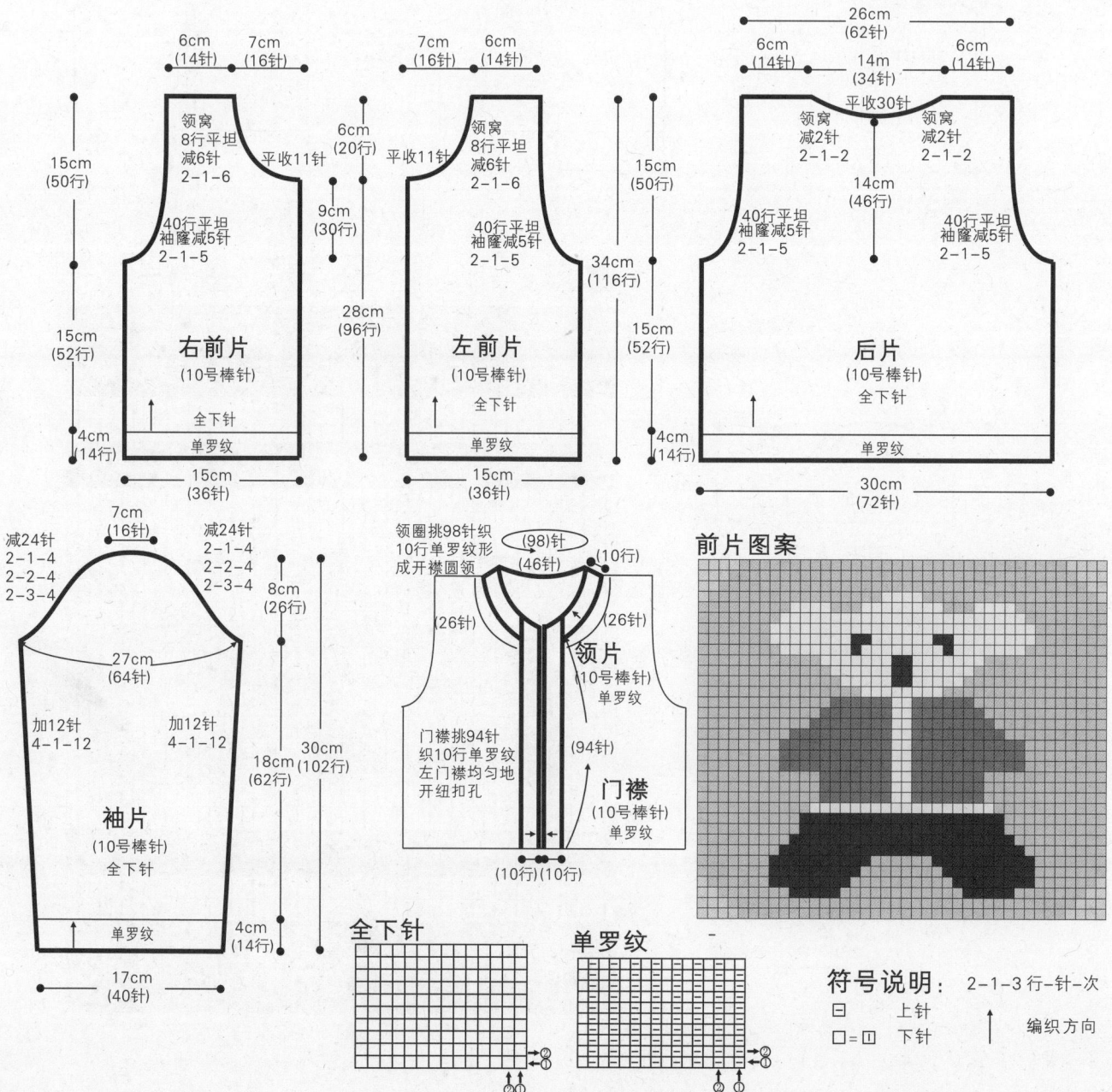

右前片：
- 6cm（14针） 7cm（16针）
- 领窝 8行平坦 减6针 2-1-6
- 平收11针
- 15cm（50行）
- 40行平坦 袖窿减5针 2-1-5
- 15cm（52行）
- 右前片（10号棒针）全下针
- 4cm（14行）单罗纹
- 15cm（36针）

左前片：
- 7cm（16针） 6cm（14针）
- 领窝 8行平坦 减6针 2-1-6
- 6cm（20行）
- 平收11针
- 9cm（30行）
- 40行平坦 袖窿减5针 2-1-5
- 28cm（96行）
- 左前片（10号棒针）全下针
- 单罗纹
- 15cm（36针）
- 34cm（116行）
- 15cm（50行）
- 15cm（52行）
- 4cm（14行）

后片：
- 26cm（62针）
- 6cm（14针） 14m（34针） 6cm（14针）
- 平收30针
- 领窝 减2针 2-1-2
- 领窝 减2针 2-1-2
- 15cm（50行）
- 40行平坦 袖窿减5针 2-1-5
- 14cm（46行）
- 40行平坦 袖窿减5针 2-1-5
- 15cm（52行）
- 后片（10号棒针）全下针
- 4cm（14行）单罗纹
- 30cm（72针）

袖片：
- 7cm（16针）
- 减24针 2-1-4 2-2-4 2-3-4
- 减24针 2-1-4 2-2-4 2-3-4
- 8cm（26行）
- 27cm（64针）
- 加12针 4-1-12
- 加12针 4-1-12
- 18cm（62行）
- 30cm（102行）
- 袖片（10号棒针）全下针
- 4cm（14行）单罗纹
- 17cm（40针）

领片/门襟：
- 领圈挑98针织10行单罗纹形成开襟圆领
- （98针）（46针）（10行）
- （26针）（26针）
- 领片（10号棒针）单罗纹
- 门襟挑94针织10行单罗纹左门襟均匀地开纽扣孔
- （94针）
- 门襟（10号棒针）单罗纹
- （10行）（10行）

前片图案

全下针

单罗纹

符号说明： 2-1-3 行-针-次
- □ 上针
- □=☐ 下针
- ↑ 编织方向

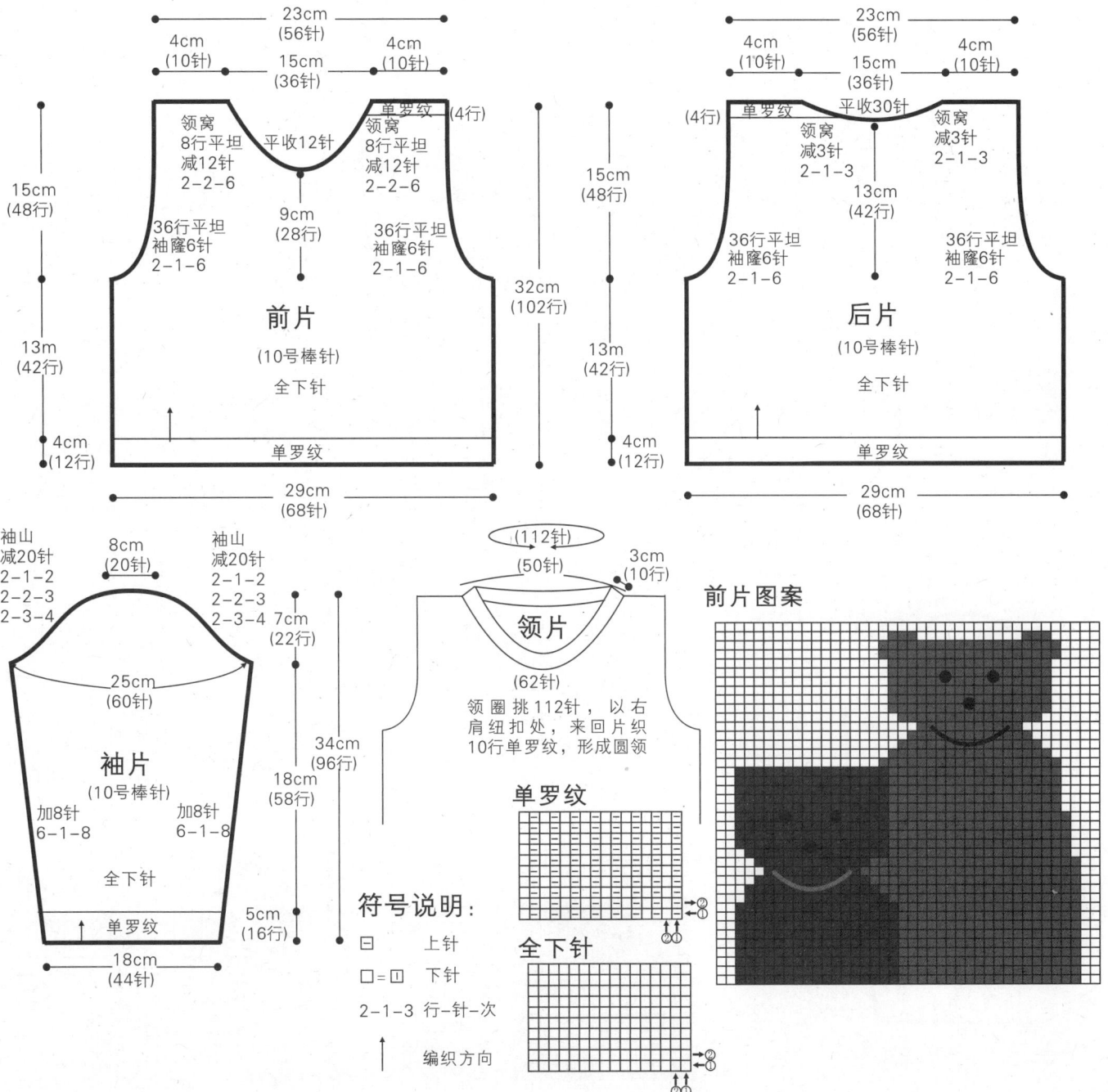

简单套头毛衣

【成品规格】 衣长32cm，下摆宽29cm，肩宽23cm

【工　　具】 10号棒针，缝衣针

【编织密度】 24针×32行=10cm²

【材　　料】 白色羊毛线400g，深灰色、浅灰色线各少许，肩部纽扣2枚，图案纽扣4枚

编织要点:

1. 毛衣用棒针编织，由1片前片、1片后片、2片袖片组成，从下往上编织。

2. 先编织前片。(1) 用深灰色线，机器边起针法起68针，编织12行单罗纹后，改用白色线织全下针，并编入图案，侧缝不用加减针，织42行至袖窿。(2) 袖窿以上的编织。两边袖窿减针，方法是每2行减1针减6次，各减6针，不加不减织36行至肩部。(3) 同时从袖窿算起织至28行时，开始开领窝，中间平收12针，然后两边减针，方法是每2行减2针减6次，各减12针，不加不减织

8行，至肩部余10针，右侧肩部最后织4行单罗纹。

3. 编织后片。(1) 用深灰色线，机器边起针法起68针，编织12行单罗纹后，改用白色线织全下针，侧缝不用加减针，织42行至袖窿。(2)袖窿以上的编织。两边袖窿减针，方法是每2行减1针减6次，各减6针，不加不减织36行至肩部。(3) 同时从袖窿算起织至42行时，开始开领窝，中间平收30针，然后两边减针，方法是每2行减1针减3次，至肩部余10针，左侧肩部最后4行织单罗纹。

4. 袖片编织。用深灰色线，机器边起针法，起44针，织16行单罗纹后，改用白色线织全下针，袖下加针，方法是每6行加1针加8次，织至58行时，开始袖山减针，方法是每2行减3针减4次，每2行减2针减3次，每2行减1针减2次，至顶部余20针。

5. 缝合。将前片的侧缝与后片的侧缝对应缝合。前片的肩部与后片的肩部缝合(右肩不用缝合，用于缝纽扣)，两边袖片的袖下缝合后，分别与衣片的袖边缝合。

6. 领片编织。领圈边挑112针，以右肩部纽扣处，来回片织10行单罗纹，并配色，形成圆领。

7. 右肩部和图案处缝上纽扣，毛衣编织完成。

前片

23cm (56针)
4cm (10针)　15cm (36针)　4cm (10针)

单罗纹 (4行)

领窝 8行平坦 减12针 2-2-6　平收12针　领窝 8行平坦 减12针 2-2-6

15cm (48行)

36行平坦 袖窿6针 2-1-6　9cm (28行)　36行平坦 袖窿6针 2-1-6

前片
(10号棒针)
全下针

13m (42行)

4cm (12行)　单罗纹

29cm (68针)

后片

23cm (56针)
4cm (10针)　15cm (36针)　4cm (10针)

(4行) 单罗纹　平收30针

领窝 减3针 2-1-3　领窝 减3针 2-1-3

15cm (48行)

13cm (42行)

36行平坦 袖窿6针 2-1-6　36行平坦 袖窿6针 2-1-6

后片
(10号棒针)
全下针

13m (42行)

4cm (12行)　单罗纹

29cm (68针)

32cm (102行)

袖片

袖山 减20针 2-1-2 2-2-3 2-3-4　8cm (20针)　袖山 减20针 2-1-2 2-2-3 2-3-4

25cm (60针)

7cm (22行)

袖片
(10号棒针)
加8针 6-1-8　加8针 6-1-8
全下针

34cm (96行)

18cm (58行)

单罗纹

5cm (16行)

18cm (44针)

领片

(112针)　3cm (10行)　(50针)

领片
(62针)

领圈挑112针，以右肩纽扣处，来回片织10行单罗纹，形成圆领

符号说明:

□ 上针
□=□ 下针
2-1-3 行-针-次
↑ 编织方向

单罗纹

全下针

前片图案

人物图案毛衣

【成品规格】 衣长39cm，下摆宽30cm，肩宽24cm

【工　　具】 10号棒针，缝衣针

【编织密度】 26针×34行＝10cm²

【材　　料】 白色 灰色羊毛线各300g，黄色线等少许

编织要点:

1. 毛衣用棒针编织，由1片前片、1片后片、2片袖片组成，从下往上编织。

2. 先编织前片。(1) 用机器边起针法起78针，编织14行单罗纹，并配色，然后改织全下针，并配色，侧缝不用加减针，织68行至袖隆。(2) 袖隆以上的编织。两边袖隆减针，方法是每2行减2针减4次，各减8针，不加不减织42行至肩部。(3) 同时织至袖隆算起28行时，开始开领窝，中间平收18针，然后两边减针，方法是每2行减

2针减3次，各减3针，至肩部余16针。

3. 编织后片。(1) 用机器边起针法起78针，编织14行单罗纹，并配色，然后改织全下针，并配色，侧缝不用加减针，织68行至袖隆。(2) 袖隆以上的编织。两边袖隆减针，方法是每2行减2针减4次，各减8针，不加不减织42行至肩部。(3) 同时织至从袖隆算起44行时，开始开领窝，中间平收24针，然后两边减针，方法是每2行减1针减3次，各减3针，至肩部余16针。

4. 袖片编织。用下针起针法起48针，织14行单罗纹，并配色，然后改织全下针，并配色，袖下加针，方法是每10行加1针加6次，织至68行时，开始两边袖山减针，方法是每2行减2针减4次，每2行减1针减12次，各减20针，至顶部余20针。

5. 分别在前后片和两个袖片，用十字绣的绣法绣上图案。

6. 缝合。将前片的侧缝与后片的侧缝对应缝合。前片的肩部与后片的肩部缝合，两边袖片的袖下缝合后，分别与衣片的袖边缝合。

7. 领片编织。领圈边挑106针，圈织10行单罗纹，形成圆领。毛衣编织完成。

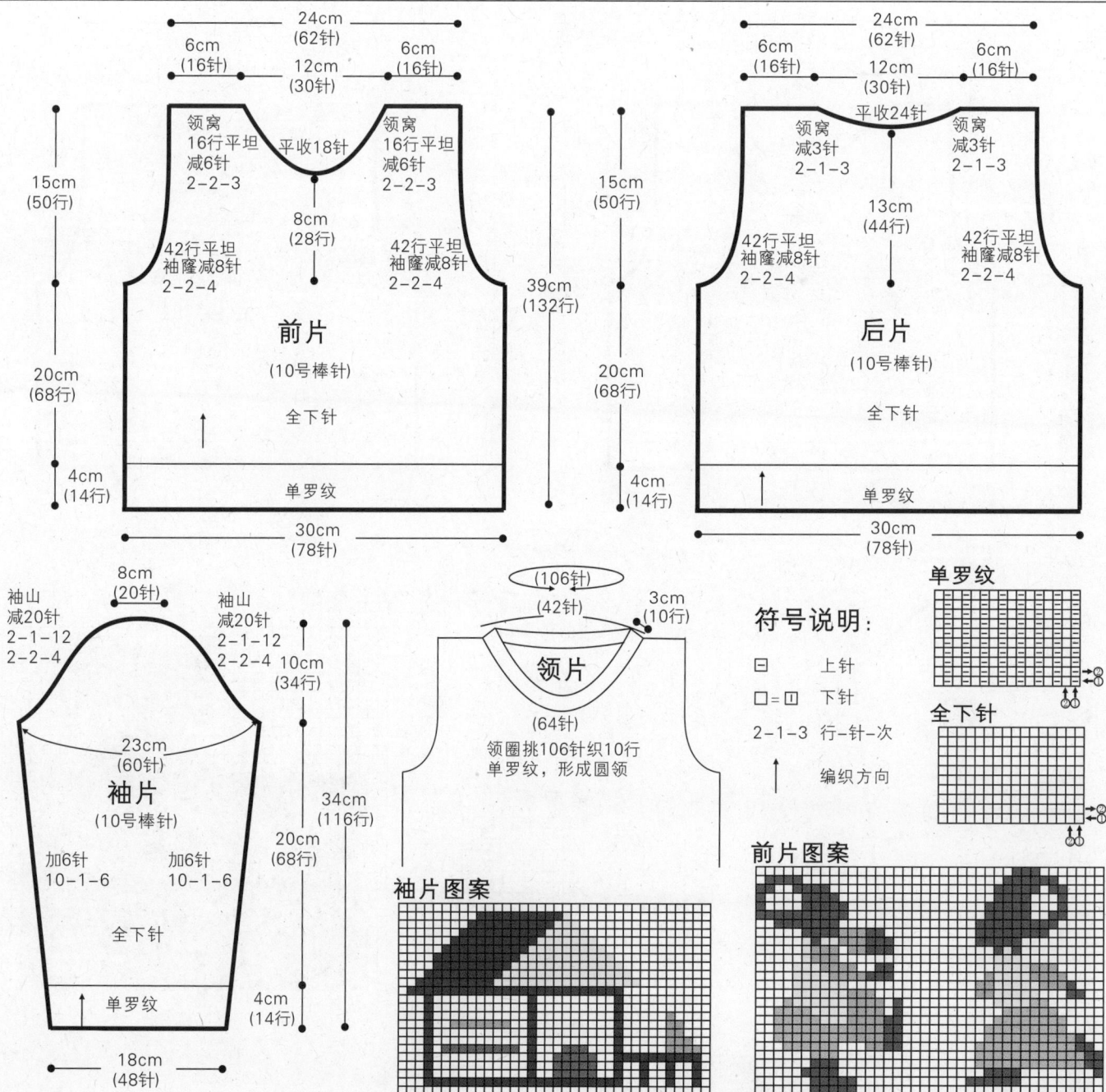

前片

24cm（62针）
6cm（16针）　12cm（30针）　6cm（16针）

领窝 16行平坦 减6针 2-2-3　平收18针　领窝 16行平坦 减6针 2-2-3

8cm（28行）

15cm（50行）

42行平坦 袖隆减8针 2-2-4　42行平坦 袖隆减8针 2-2-4

前片
(10号棒针)

全下针

20cm（68行）

4cm（14行）　单罗纹

39cm（132行）

30cm（78针）

后片

24cm（62针）
6cm（16针）　12cm（30针）　6cm（16针）

平收24针

领窝 减3针 2-1-3　领窝 减3针 2-1-3

13cm（44行）

15cm（50行）

42行平坦 袖隆减8针 2-2-4　42行平坦 袖隆减8针 2-2-4

后片
(10号棒针)

全下针

20cm（68行）

4cm（14行）　单罗纹

30cm（78针）

袖片

8cm（20针）

袖山 减20针 2-1-12 2-2-4　袖山 减20针 2-1-12 2-2-4

10cm（34行）

23cm（60针）

袖片
(10号棒针)

加6针 10-1-6　加6针 10-1-6

全下针

34cm（116行）

20cm（68行）

4cm（14行）　单罗纹

18cm（48针）

领片

(106针)
(42针)　3cm（10行）

领片

(64针)

领圈挑106针织10行单罗纹，形成圆领

符号说明：

□　上针

□=□　下针

2-1-3　行-针-次

↑　编织方向

单罗纹

全下针

袖片图案

前片图案